U0150720

知识进化
图解系列

太喜欢微生物了

〔日〕山形洋平 著

马文甜 译

天津出版传媒集团

天津科学技术出版社

著作权合同登记号：图字02-2022-047号

NEMURENAKUNARUHODO OMOSHIROI BISEIBUTSU NO HANASHI by Yohei Yamagata
Copyright © 2020 Yohei Yamagata
Simplified Chinese translation copyright © 2022 Beijing Fonghong Books Co., Ltd.
ALL RIGHTS RESERVED.
Original Japanese edition published by NIHONBUNGEISHA Co., Ltd.

This Simplified Chinese language edition published by arrangement with
NIHONBUNGEISHA Co., Ltd., Tokyo in care of Tuttle-Mori Agency, Inc., Tokyo

图书在版编目（CIP）数据

知识进化图解系列. 太喜欢微生物了 / (日) 山形洋
平著；马文甜译. -- 天津：天津科学技术出版社，
2022.4

ISBN 978-7-5576-9937-6

Ⅰ.①知… Ⅱ.①山… ②马… Ⅲ.①自然科学—青
少年读物②微生物—青少年读物 Ⅳ.①N49②Q939-49

中国版本图书馆CIP数据核字(2022)第038519号

知识进化图解系列. 太喜欢微生物了
ZHISHI JINHUA TUJIE XILIE. TAI XIHUAN WEISHENGWU LE

责任编辑：杨　譞

责任印制：兰　毅

出　　版：天津出版传媒集团
　　　　　天津科学技术出版社

地　　址：天津市西康路35号

邮　　编：300051

电　　话：（022）23332490

网　　址：www.tjkjcbs.com.cn

发　　行：新华书店经销

印　　刷：三河市金元印装有限公司

开本 880×1230　1/32　印张 4.125　字数 91 000

2022年4月第1版第1次印刷

定价：39.80元

序言

　　一直以来，微生物都与我们人类有着千丝万缕的联系。早在远古时期，人们就凭借经验发酵食物和酿造美酒，从那时起，微生物就开始丰富我们的餐桌了。

　　但微生物造成的疾病也一直威胁着人类。因为病原体是肉眼看不见的微生物，所以对先人们来说，这一定是一种可怕的威胁吧！当时的人们认为，酿造、发酵是神灵对人类的眷顾，疾病则是触怒神灵的结果，是妖魔鬼怪作祟。如果古人知道心中的神灵、鬼怪的真实面目原来是这么微小的生物的话，他们会做何感想呢？从发现这些微生物的身份到现在已经过去了160多年，但即便如此，我们还是有层出不穷的新发现，这个领域真的很有趣呢！

　　我在大学做微生物的研究，给学生们上课，有时也会给大学外的人包括中学生普及微生物知识。有人会对我感慨："微生物的世界真有趣啊！"是啊！每当我了解到微生物的最新研究成果，也会由衷地感叹：微生物真是了不起的存在！

　　最近，微生物学领域有一些重大发现，这些发现与地球和生命的历史密切相关。我想向大家介绍这样一个丰富多彩的微生物世界，所以就接受了撰写本书的工作。

微生物几乎无处不在。在各种场合、各种我们意识不到的时刻，微生物或是为我们人类工作，或是给我们带来麻烦。希望能通过本书，让大家了解到一些关于微生物的知识。特别是，如果哪位中学生朋友，因为本书对微生物的世界产生了兴趣，我会感到非常荣幸和幸福。因此，在写作这本书的时候，我试图用通俗易懂的语言，为大家介绍微生物学的历史，微生物与发酵和酿造、与疾病及环境的关系，就像介绍"微生物学"这个"食堂"的菜单一样。如果你对其中哪怕一个话题感兴趣，想深入了解，希望你一定要找相关科普类或专业类书籍阅读学习。

最后，我想对向我发出邀请的日本文艺社书籍编辑部的坂将志先生表达诚挚的谢意。还有，Edit100 有限公司的米田正基先生，深深感谢您接受了这样一本编辑排版工作量很大的书，我总是在截止日期前紧赶慢赶地交稿，给您添了很大的麻烦。另外，对负责图片排版设计的室井明浩先生也表示衷心的感谢。

山形洋平

目录

第1章
微生物，到底是怎样的生物？

第 4 章
微生物既能"致病"又能"治病"？

微生物，
到底是怎样的生物？

咦，微生物能用肉眼看到吗？

——微生物只有用显微镜才能看到哟。

顾名思义，微生物是非常非常小的生物。其实学术界对"微生物"并没有严格的定义，我们通常把只有通过显微镜才能清晰观察到的微小生物称为微生物。微生物包括**细菌**、**真菌**（如**酵母、霉菌和蕈菌**等）和**原生动物**等，在某些情况下，也包含像**冠状病毒**这样的**病毒**。

先说说细菌吧，你知道它有多大吗？**细菌的直径只有 1 微米左右**。1 微米可是 1 毫米的千分之一，也就是说，让 1000 个细菌排成一队，才有 1 毫米那么大。细菌中最有代表性的要数圆形的球菌和胶囊形状的杆菌了，除此之外，还有螺丝或螺旋形状的。你一定听过乳酸菌、纳豆菌吧？它们都是我们生活中离不开的细菌呢。

还有大名鼎鼎的**酵母**，制作美味的面包或酿制美酒可都离不开它。除了我们日常用的酵母之外，自然界中还有种类繁多的"酵母菌"大家庭。你知道吗？其实在学术分类中，并没有"酵母"这一类。学术界称酵母为**单细胞真菌**，它的直径有 5 ～ 10 微米，虽然比细菌体型大不少，但也要 100 个以上排在一起才有 1 毫米。最常见的单细胞真菌是球形或椭圆形的。

那霉菌或蕈菌呢？这些真菌的生长方式很像植物，一般是通过一种细长的细胞生长繁殖，这种细胞叫菌丝。它的粗细从数微米到数百微米不等，如果它们长得足够大，

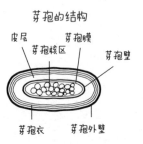

芽孢的结构

皮层　芽孢膜
芽孢核区　　芽孢壁

芽孢衣　　芽孢外壁

注：参照枯草芽孢杆菌

我们不用显微镜就能看到。

霉菌通常会长出绿色、黑色、红色等带有颜色的无性孢子，因此很容易被我们发现。你一定见过发霉的面包、年糕吧？在潮湿的浴室中也常常能看到霉菌的身影哟。

蕈菌类真菌还可以长出子实体，就是我们经常看到的各类菌菇。但其实蕈菌通常是像线一样细的。日语中有一个词是"黴菌"，"黴"即霉菌，"菌"即蕈菌，是使食物腐败、致人生病的细菌微生物的俗称。想来是因为在没有显微镜的时代，我们只能看到霉菌和蕈菌，所以先人们给微生物起了这个名字吧。

霉菌

据说霉菌有 3 万种哟！这种霉菌叫烟曲霉，烟曲霉属，是引发机会性感染的曲霉菌病的致病菌。

大肠杆菌

原来大肠杆菌是这种形状的细菌啊！它呈细长的棒状或圆筒状，是细菌的主要种类之一。

菌菇

这个是松露，一种昂贵的食材。蕈菌类真菌会长出较大的子实体。蕈菌是有子实体的真菌，而霉菌是没有子实体的真菌。

枯草芽孢杆菌

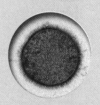

日本人很喜欢吃纳豆，纳豆就是枯草芽孢杆菌的一种。这种菌生长在稻草上，一棵稻草上大概有 1000 万个纳豆菌的芽孢。芽孢是非常长寿的细胞结构哟。

酵母

酵母——营养体结构是单细胞的真菌的总称。我们只需要知道做面包和酿啤酒时要用到的是出芽酵母就可以啦。酵母也可以叫酵母菌。

乳酸菌

你看，乳酸菌长这个样子。乳酸菌是通过代谢产生乳酸的细菌。它们会在酸奶、乳酸菌饮料，还有泡菜中发酵哟。

02

微生物到底是什么生物？

——它们可是地球上最早出现的生物哟。

若抛开病毒，我们可以把微生物分为两大类：一类是**原核微生物**，一类是**真核微生物**。真核微生物就是真核生物中的微生物。所谓真核生物，从名字就能推测出来，是指细胞中有细胞核的生物。我们人类、其他动物和植物都是真核生物哟。

细胞核呢，是一个封闭的球状膜结构，内部含有由大量基因组成的**染色体**。真核生物的细胞内除了细胞核外，还有内质网、线粒体、高尔基体等具有各种功能的细胞器。能进行光合作用的叶绿体也是一种细胞器。真核生物中，肉眼不可见的微小生物就是真核微生物了。

再来说说原核生物，因为所有原核生物都是微生物，所以"原核微生物"这个说法其实稍微有些奇怪。原核生物的细胞中虽然没有真核生物所有的细胞器，但是有染色体。虽然没有细胞核，但它的细胞中有一个叫作拟核的区域，里面住着所有的染色体。

原核生物包括细菌和古菌两大类，古菌曾经被称为古细菌。

你知道吗？很多古菌非常顽强，它们生活在极端恶劣的环境下，比如在高温温泉、热液矿床、深海、盐湖中生存的嗜热菌、产甲烷菌和嗜盐菌等。过去人们推测古菌这种特别的微生物是生命的起源，但现在则认为古菌、细菌、真核生物是由共同的祖先演化来的。还有学者认为真核生物是由古菌分离演化而来。我相信今后我们一定会弄清楚这些问题。

再说回来，**酵母、霉菌、蕈菌、原生动物**等都属于真核生物。酵母中有通过出芽生殖来繁殖的，也有像细菌一样通过细

4

胞分裂来繁殖的，我们把它们分别称作出芽酵母和裂殖酵母。制作面包的酵母就是出芽酵母。而霉菌或蕈菌类真菌，**通常通过菌丝的生长进行繁殖**，我们有时也称这种真菌为丝状真菌。

要知道，几乎所有的真核微生物都是靠吸收体外的有机物存活的，它们可以帮助我们分解森林中倒下的树木、落叶、死去的动物或昆虫的尸体等。它们也会寄生在植物身上，有时还会给植物带来麻烦，导致植物生病。

除真核微生物外，原核生物中也有靠吸收外界有机物生存的。如果没有有机物，有的原核生物也能利用二氧化碳和空气中的氮，在体内合成必要的营养素。把地球上的氮、硫等元素转化成我们人类需要的氨基酸，这可都是微生物的功劳呀。

揭示生态系统中各物种关系的"生命之树"

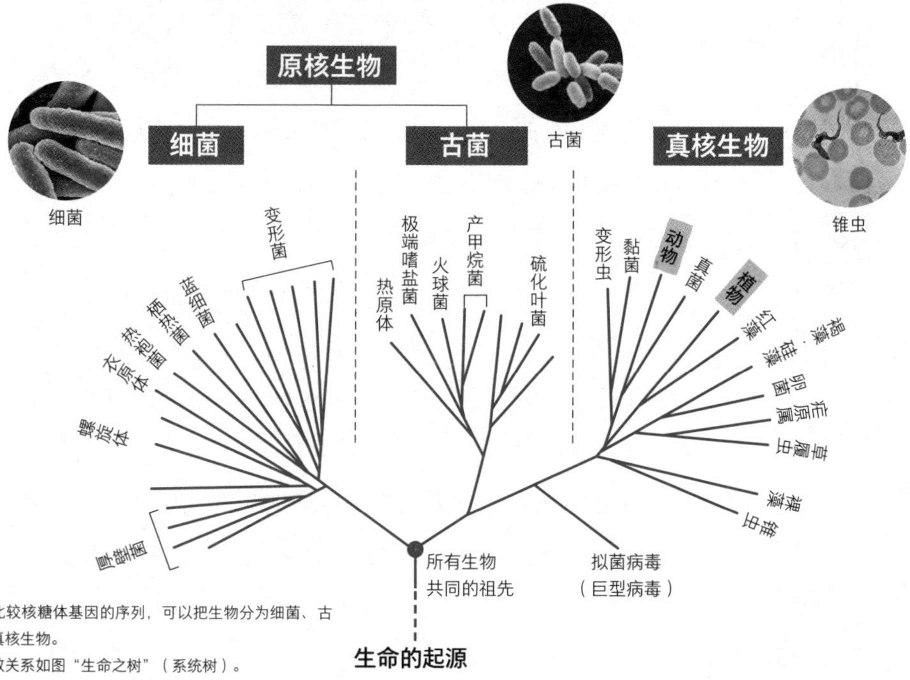

细菌

古菌

锥虫

原核生物

细菌　　　　　古菌　　　古菌　　　真核生物

变形菌

极端嗜盐菌　产甲烷菌

火球菌

热原体

硫化叶菌

变形虫

黏菌

真菌

动物

植物

蓝细菌

热棱菌　绿硫菌

衣原体　热袍菌

螺旋体

拟杆菌

所有生物共同的祖先

拟菌病毒（巨型病毒）

生命的起源

通过比较核糖体基因的序列，可以把生物分为细菌、古菌和真核生物。

其大致关系如图"生命之树"（系统树）。

资料来源：《微生物是生物？看不见的巨人 —— 微生物》，别府辉彦著，Beret publishing Co.,Ltd

5

03

酵母、霉菌、蕈菌都是微生物吗？

——是的，并且它们和我们人类一样，都是真核生物哟。

前面已经提到，酵母、霉菌、蕈菌等属于微生物，它们可是和我们人类一样的**真核生物**呢。

酵母在制作面包、酒类（酒精）时不可或缺，米糠腌菜、味噌酱、酱油和一些酸奶的制作过程中也有它的身影。

通常情况下，**酵母被归类为通过单细胞繁殖的真核生物**。出芽酵母是指从细胞中长出一个芽，进而膨胀形成新的酵母细胞的酵母。**面包酵母**（*Saccharomyces cerevisiae*）、**酿酒酵母**（*Saccharomyces cerevisiae*，*Saccharomyces pastorianus*） 是最具代表性的出芽酵母。此外，还有通过细胞分裂繁殖的酵母，我们叫它裂殖酵母。

再来说说霉菌和蕈菌，**它们是多细胞生物**。它们都是通过延长细胞顶部生长的。细胞的繁殖方式，既不是出芽也不是分裂，而是细胞顶部一直生长延伸，长成长长的细胞后，在延伸的细胞的中间就会形成细胞壁，然后分化成 2 个细胞。我们把这些生长着的霉菌体和蕈菌体称为菌丝体。如前一节所述，这类真菌也可以称为丝状真菌。

每一根菌丝，其实是由 1 个细胞一直延伸生长形成的。很多细胞纵向排列在一起，但却一直保持着 1 个细胞的粗细程度。它几乎是透明的，即使为它打光，也只是略微发白，所以肉眼是几乎看不到的。

酵母、霉菌、蕈菌都有 2 个生活周期，分别是有性世代和无性世代。通常情况下，细胞通过分裂或出芽的方式繁殖，新老细胞是完全一样的（可理解为克隆）。但是，当营养不足或环境发生变化时，具备雄性或雌性功能的两种细胞会进行**细胞融合（接合）**，从而进入到有性繁殖的生活周期。像出芽酵母，就可以在这个状态下继续生长，但是大多数真核微生物，会很快回到无性繁殖的生活周期。

当从有性世代切换回无性世代时，发挥雄性功能和雌性功能的细胞的**染色体会重新组合**。新形成的无性繁殖的细胞，它将自己父母的基因重新洗牌，具备来自父母双方的完整的基因群，却又与父母不同。

而**霉菌和蕈菌**，则通过孢子繁殖。霉菌有 2 种孢子，一种是通过有性繁殖形成的有性孢子，另一种是通过无性繁殖形成的无性孢子。当我们认为自己看到了霉菌时，通常看到的是**带有颜色的无性孢子**。

而大多数蕈菌的繁殖，则是这样的过程——**孢子→无性世代→有性世代→孢子**。我们看到的蘑菇，实际上就是**产生孢子的器官——子实体**。

出芽酵母

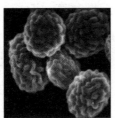

裂殖酵母形成孢子
图片来源：大阪市立大学研究生院 理学研究科理学部生物学科 细胞机能学研究室

原来霉菌和蕈菌都是真核生物，都是多细胞生物啊！据说孢子会飞散繁殖。霉菌的孢子多为无性孢子，蕈菌的孢子是子实体产生的，就是我们吃的像雨伞的那个部分。

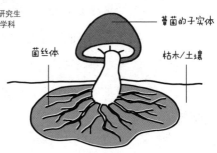

蕈菌的子实体

菌丝体

枯木/土壤

04

细菌和病毒是微生物吗？

—— 病毒虽不是生物，但它具有生物的特征哟。

细菌当然属于微生物，说它在微生物界占有极其重要的地位也不为过。

而病毒，由于经常害我们生病，也像细菌一样大名鼎鼎。比如目前在全世界流行的新冠病毒。

这一节我们就谈谈病毒。病毒到底是什么呢？

作为个体的病毒，和普通的生物不一样——它没有细胞，而且不能自主繁殖，所以我们不能称之为生物。可它又有生物所具备的核酸（DNA 或 RNA）和蛋白质，所以它具备生物的特征。病毒可比细菌小太多了，细菌的直径 1 微米左右，而病毒只有几十到几百纳米。1 纳米可是 1 毫米的十万分之一啊。因为太小太小了，所以就算用普通的显微镜都看不到病毒。

病毒也有遗传因子。遗传因子的信息会被写入 DNA 或 RNA 中，由此我们可以把病毒分为 DNA 病毒和 RNA 病毒。

包裹着核酸的东西叫衣壳，它由蛋白质组成。病毒的基因会对这些组成衣壳的蛋白质进行编码。一些病毒的蛋白质衣壳外还有一层膜——病毒包膜。席卷全球的新冠病毒是 RNA 病毒，具有病毒包膜。用香皂洗手可以有效预防新冠病毒感染，是因为香皂可以破坏这层病毒包膜，使病毒丧失感染能力。

感染病毒时，病毒表面有一种特殊的蛋白质会与我们细胞表面一种叫受体的蛋白质结合。如果受体和病毒表面的蛋白质形状不吻合，则无法发生感染。这下你知道，同样一种病毒，有的动物会感染，有的却不会，是为什么了吧？无论病毒是否能感染细胞，它最终都会被细胞吞掉。

病毒被它能感染的细胞吞掉后，衣壳开始分解，衣壳中包裹的遗传物质就会释放出来。之后，它们会利用细胞复制核酸的能力，大量复制病毒的核酸。新增的病毒遗传物质可以生产出大量蛋白质，形成衣壳。

在我们的细胞中，增加核酸只有两种方法。一种是以 DNA 为模板的 DNA 复制，另一种是合成以 DNA 为模板的信使 RNA（mRNA），并进行转录[1]。对 RNA 病毒来说，必须要进行从 RNA 到 DNA 的逆转录，才能使我们细胞中的核酸增加，因此，RNA 病毒具有一种被称作逆转录酶

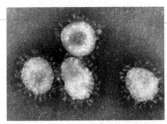

冠状病毒科
传染性支气管炎病毒

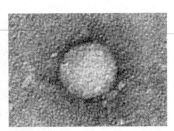

黄病毒科
丙型肝炎病毒

冠状病毒科、黄病毒科是有病毒包膜的正义单链 RNA（核糖核酸）病毒，会感染哺乳动物和鸟类，病原体如 SARS 病毒、MERS 病毒、丙型肝炎病毒、西尼罗病毒、登革热病毒。

DNA与RNA的示意图

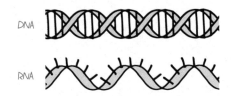

DNA

RNA

---

[1] 转录是遗传信息从 DNA 流向 RNA 的过程。即以双链 DNA 中的确定的一条链为模板，以 A、U、C、G 四种核糖核苷酸为原料，在 RNA 聚合酶催化下合成 RNA 的过程，此 RNA 即信使 RNA。——编者注

的特殊酶的遗传因子。

接下来，分别合成的核酸和蛋白质在细胞内集合，形成衣壳包裹着核酸的形式，病毒也就形成了。之后的事情，你应该也会猜到，**病毒会冲破细胞，然后去感染其他细胞。**

也有感染细菌的病毒，我们叫它噬菌体。有的噬菌体会依附在细胞上，然后只将衣壳中的核酸注入细胞中。

总之，病毒必须依靠宿主细胞，否则就无法繁殖。病毒会进化，以求与宿主共存。因此，人们普遍认为，很多疾病的致病病毒的毒性是会逐渐减弱的。

病毒粒子结构示意图

衣壳是包裹着核酸的部分，衣壳粒是构成衣壳的蛋白质的最小单位

核心

衣壳
核酸 } 核衣壳
病毒包膜

病毒分 RNA 型和 DNA 型两种。DNA 的核碱基是腺嘌呤（A）、鸟嘌呤（G）、胞嘧啶（C）、胸腺嘧啶（T）；RNA 的核碱基是腺嘌呤（A）、鸟嘌呤（G）、胞嘧啶（C）、尿嘧啶（U）。碱基是能与酸反应形成盐的化合物，它可是与酸一同发挥作用的物质呀。

病毒包膜示意图

分别合成的核酸与蛋白质在细胞体内集合，形成衣壳包裹着核酸的形式，病毒就诞生了！接着病毒就会冲破细胞，感染其他健康细胞，不断繁殖下去。

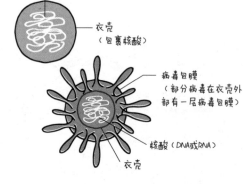

核酸（DNA或RNA）
（拥有蛋白质，具备生物特征）

衣壳
（包裹核酸）

病毒包膜
（部分病毒在衣壳外部有一层病毒包膜）

核酸（DNA或RNA）

衣壳

什么，微生物是看不到的『巨型生物』？

——土壤中有个微生物王国，所有病毒连起来，有1000万光年[1]那么长！

你已经知道了，大多数微生物是肉眼看不见的微小生物。它们太小了，看上去是那么势单力薄。但你知道吗？它们的繁殖能力之强，可是我们人类难以企及的。

打个比方，假如把1个大肠杆菌放在最适宜繁殖的环境中，它每20分钟就会进行1次细胞分裂，1个细胞就变成了2个。1小时就变成8个（$2 \times 2 \times 2$）。经过1天，就可以繁殖成47垓（4.7×10^{21}）个，如果按照这个速度再过1天，就可以变成2200正（2.2×10^{43}）个！

我们假设微生物的个体重量为 10^{-12} 克，那么2天就可以长到 2.2×10^{28} 千克。地球的重量也就 5.972×10^{24} 千克，2天繁殖出来的微生物居然比地球还要重将近3700倍呢！

当然，最适宜繁殖的环境，只能人工营造。在自然环境中，当营养枯竭了，繁殖就停止了。所以放心，不会发生以上假设的情况。但你应该明白微生物的潜力了吧？我想，如果微生物真刀真枪地操练起来，说不定已经是它们统治这个世界了。

像我们这种多细胞生物，如果身体中的细胞不听指挥，随意行动，那么就无法成为一个完整的个体。所以我们的细胞之间需要信息沟通，这样才能保证个体的同一性。

但是，最新的研究发现，微生物同胞之间居然也保持着沟通交流。而且，不仅是同种类的微生物之间会传递信息，不同种类的微生物之间也会互通有无，在竞争与协作中共建适合自己的舒适家园。这也就意味着，微生物也会构建网络，形成自

---

[1] 光年，长度单位，一般用于衡量天体之间的距离，指光在宇宙真空中沿直线经过一年时间走过的距离，为 9.460×10^{12} 千米 。——编者注

己的小社会呢!

最近,一项全球性的研究项目启动。科学家向海底深处挖了近2500米,从2300万—2500万年前的地壳中采样,然后对地壳中的微生物进行研究。随着这些研究的开展,我们知道了地壳深处也存在微生物群落。

根据报告,这个新发现的在地下扩张的生物圈,有地球海洋体积的2倍(20亿～23亿立方千米)大,如果把生活在此处的微生物的重量以碳含量来计算的话,居然有150亿～230亿吨! 这可是人类碳含量的数百倍呢! 研究证明,这其中的一部分微生物能利用泥岩中的甲醇、甲胺等甲基化合物,合成释放出甲烷、二氧化碳。也就是说,我们发现了与我们生活的陆地圈、我们已知的海洋圈完全不同的第三生态圈——"微生物王国"!

这些微生物是如何生存的? 又给地球带来了怎样的影响? 还有很多很

袋形动物

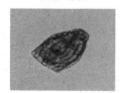

腔轮虫

袋形动物中轮虫类居多。它们头部有轮状的纤毛环,是后生动物中最小的。除轮虫类以外,袋形动物中还有腹毛类、线虫类。

东京下水道局的网站上有一个"微生物图鉴"的主页,介绍了在污水处理过程中大显身手的微生物。本书就引用了其中的一些图片。

资料来源:东京都下水道局

环节动物

鼬虫

环节动物中,除了蚯蚓和沙蚕,还有一些是微生物。它们大多都是节肢动物。

形形色色的微生物
后生动物[1]

污水处理反应槽中的后生动物中,有微小的微生物哟,以"袋形动物"和"环节动物"为主。

[1] 后生动物是动物界除原生动物门以外的所有多细胞动物门类的总称。——编者注

多的问题等待我们探究。

另一个巨型微生物群就是病毒了。那么，你知道哪个地方病毒最多吗？

是海洋。病毒比细菌还小得多，用普通的显微镜是看不到的。但是，如果用电子显微镜观察，你会发现，每1毫升海水中，漂浮着数千万到数亿个病毒。也就是说，整个海洋中有1000穰（10^{31}）个病毒呢！

我们假设海水中一个病毒的碳含量是0.2飞克（$2×10^{-16}$克），那总共算下来就有20亿吨，相当于7500万头长须鲸的重量。假设病毒的大小是0.1微米，如果把所有的病毒连起来，会有银河直径的100倍，也就是1000万光年那么长！

现在你理解了吧？虽然我们的肉眼看不到，但是，地下有个微生物王国，海洋中还有个病毒王国呢。

肉足虫纲

变形虫

变形虫凭借"伪足"移动。伪足有叶状、丝状和网状。

鞭毛虫纲

粗袋鞭虫

鞭毛虫纲动物通常有一根或多根鞭毛，有的含有叶绿体，有的则没有。

纤毛虫纲

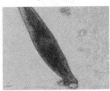

旋口虫

纤毛虫具有大核和小核两种类型的细胞核。无性繁殖通常是横向分成2个。大部分纤毛虫通过纤毛移动。

形形色色的微生物
原生动物

原生动物有65000种以上呢。原生动物可以分成鞭毛虫纲、肉足虫纲和纤毛虫纲几大类。

06

微生物还能制造氧气？

——地球上最早的氧气正是微生物制造的。

我们都知道,大气覆盖着地球表面。大气中有78%是氮气,21%是氧气,二氧化碳占0.03%。其实,原始的地球表面几乎没有氧气,大气中含有的是二氧化碳、盐酸、二氧化硫和氮气等。

这样的地球上,是如何出现氧气的呢？答案是：距今35亿—27亿年前,地球上出现了制造氧气的细菌。在这种细菌的作用下,氧气进入到大气中,在那之后很久,才出现了像我们这样呼吸氧气的生物。

这些制造氧气的细菌就是蓝细菌。蓝细菌是唯一一类可以像植物那样进行光合作用并产生氧气的原核生物。在进行光合作用时,它会吸收二氧化碳,并产生糖分,以维持自己的生命。怎么样？很神奇吧!

进行光合作用的细菌中,还有一类不产生氧气的细菌,叫光合细菌,而蓝细菌与这一类细菌是截然不同的。想来在太古时期的海洋中,蓝细菌一定是在浅海中沐浴着阳光,通过光合作用繁衍后代、制造氧气的吧。学界普遍认为,这种状态从前寒武纪时期就已经开始了。

虽然蓝细菌是单细胞生物,但有时也会几个细胞结合之后进行繁殖。结合后繁殖,就会形成叠层石。这些叠层石有的直接成了化石,在一些曾经是浅海的地区就有分布。而在澳大利亚西部的鲨鱼湾,还有活着的叠层石,鲨鱼湾在1991年被列入联合国教科文组织的《世界自然遗产名录》。

地球上有了氧气之后，就产生了一系列的变化。比方说铁矿石吧，溶解在海水中的铁成分与蓝细菌制造的氧气发生反应，形成了氧化铁。氧化铁就是生了锈的铁，在海底呈条纹状大量堆积。随着地壳运动，海底的堆积物露出，就形成了铁矿山。要是没有蓝细菌，我们就没有这么多铁矿啦！

如今，我们离开氧气就无法生存，可是在**远古时代，大海中产生的氧气，是会让生物体内很多成分发生氧化的剧毒！**为解这种剧毒，细胞们学会了**吸收氧气、消耗养分，然后把它们转化为二氧化碳和水。**聪明的你一定可以猜出来，这就是学会了**呼吸**啊。

澳大利亚西岸鲨鱼湾浅滩上的叠层石
图片来源：神奈川县立生命之星·地球博物馆

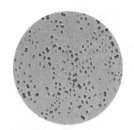

蓝细菌（蓝藻）
进行光合作用的生物，人类成功破译了它的基因组

图片来源：名古屋大学研究生院生命农学研究科基因信息机能学研究专业

蓝细菌与碳酸钙结合，就会形成叠层石哟！

南极的湖（名长湖）底部的繁茂之景。蓝细菌附着在苔藓和数十种藻类上，与这些植物群落共存共荣。

图片来源：美国国家地理网站/第53次南极科考队 渡边佑基、田边优贵子

07

微生物长那么小，到底图什么？

——通过极端微小化，它们能够获得高代谢活性和强大的繁殖能力。

细菌的细胞有 1～10 微米大，普通的真核细胞是它的 5～100 倍。为什么会有这么大的差异呢？以这么微小的形态生存，有什么好处呢？

细菌的细胞中，也有与我们人类这种真核生物相同的染色体。细菌之中，被研究得最多的当属大肠杆菌了，大肠杆菌染色体的长度是 464 万个碱基对，纳豆菌的同类——枯草芽孢杆菌染色体的长度是 421 万个碱基对（碱基对表示的是构成 DNA 的核酸相互匹配的对数，常用来衡量 DNA 和 RNA 的长度），而人类染色体大约有 30 亿个碱基对，这就说明，人类染色体的长度大概是细菌的 700 倍。

如果比较长度的话，把人类的染色体全部连起来，有 1 米多长，而大肠杆菌或枯草芽孢杆菌的只有 1.3～1.4 毫米。此外，细菌的细胞内没有细胞器，因此，细菌的繁殖速度可以大大超过真核细胞的。

举个例子来说，在最适宜的繁殖条件下，大肠杆菌的数量在大约 20 分钟后就会翻倍。与此相比，真核生物中繁殖速度最快的酵母要花 1 小时以上的时间才能繁殖到 2 倍，而人类的细胞则要花 1 天的时间。真核细胞要复制长长的染色体，还要把细胞内的细胞器全都造好，才会开始分裂。而细菌的细胞很小，细胞内又没有细胞器，不必做那些麻烦的事，只要复制好染色体，就可以说基本做好了细胞分裂的准备。

像细菌那样，数量翻倍只需要 20 分钟的话，1 小时就可以翻3番，$2×2×2$，就变成了8倍。从1个细胞开始，1天内就可以变成初始的$(2×2×2)^{24}$倍，也就是说，1天就可以从1个大肠杆菌细胞变成47垓（$4.7×10^{21}$）个！

大肠杆菌细胞是大小为0.5微米×2微米左右的椭圆形，假如体积以直径1微米的球体来计算，1个大肠杆菌的体积大概是$5.2×10^{-19}$立方米，繁殖1天后的体积大约是2444立方米，1个细胞，1天的时间里就可以把边长约18米的立方体那么大的空间塞得满满的！

酵母繁殖需要1小时，1天也只能增加到初始的16777216倍。跟细菌比起来简直就是小巫见大巫了。这下你理解了吧？要想立于不败之地，想办法迅速繁殖才是关键。

不同物种的染色体数量

物种	染色体数量（2n）
果蝇	8
大麦	14
鸽子	16
洋葱	16
水稻	24
蚯蚓	32
猫	38
家鼠	40
小麦	42
人	46
蟑螂	47
黑猩猩	48
山羊	54
牛	60
马	64
狗	78
鲤鱼	100
金鱼	104

注：大多数进行有性繁殖的物种，都有二倍体（2n）的体细胞和单倍体（1n）的配子。

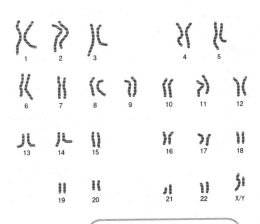

人类的染色体通常有46条。图中是男性的染色体，我们把常染色体按照从大到小的顺序排列，然后再进行编号。

08

微生物在任何环境下都能生存吗？

——在超过100℃的极端环境中也有微生物生存哟！

地球上微生物是无处不在的。大气中、水中、土壤中，我们的皮肤、肚子里，都有各种各样的微生物。即使在一般的生物无法生存的地方，也有微生物哟。

比如说，适宜在较高温度的环境下生存的微生物叫嗜热菌。其中，能在 50 ～ 80℃的环境下生存的微生物叫高度嗜热菌，能在 80℃以上的环境下生存的叫超嗜热菌，这些嗜热菌可以在温泉、海底火山口等环境中生存。

在我们身体中工作的蛋白质，如果遇到高温，就无法保持原状，这叫作**蛋白质变性**。比方说鸡蛋的蛋白，主要成分是蛋白质和水，我们煮鸡蛋或煎荷包蛋时，通过加热，透明的蛋白变成白色，这就是蛋白质变性。

而嗜热菌的蛋白质，会通过各种方式免于因受热而变性。不仅如此，它的结构也一直在进化，以适应高温环境。所以，慢慢出现了在 100℃以上的高温环境中依然能存活的细菌。新冠病毒流行的当下，我们经常能听到核酸检测（PCR 检测）这个词，PCR（聚合酶链反应）之所以成为可能，要感谢嗜热菌制造了 DNA 复制酶。

我们称在极端环境中也能生存的微生物为极端环境微生物。除了嗜热菌以外，我们知道还有嗜碱菌、嗜盐菌、耐冷菌、耐辐射菌等。

嗜碱菌喜欢在 pH 值很高的环境中生存，有的甚至可以在 pH12 以上的强碱环境中生存，要知道这种强碱可是会腐蚀我们的皮肤的。耐冷菌中，目前发现了 0℃以下甚至是在零下 20℃的环境中也能存活的菌种。嗜盐菌中，有的能在含盐量 20% 以上的溶液中生存，人们在以色列的死海等盐湖中，就发现了这种细菌。这意味着它们能在比酱油咸度还高的环境中生存。

微生物会根据周边环境不断进化，这样一来，它们就能在其他生物无法生存的环境中顽强地存活下来。

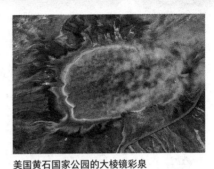

美国黄石国家公园的大棱镜彩泉
超嗜热菌在这么高温的地方都能生存，有人推测它或许能适应生命诞生之初的地球，是接近原始生命形式的。

高度嗜盐菌（嗜盐古菌）
适应高盐环境的高度嗜盐菌。这种细菌的形成据说是因为古菌繁殖时，需要高浓度的氯化钠。

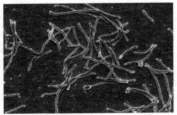

嗜热菌（水生嗜热菌）
美国的黄石国家公园中发现的嗜热菌。这种微生物最适宜的生存温度是 45℃以上，生存极限温度可以达到 55℃以上呢！能在 80℃以上的环境中生存的微生物叫作超嗜热菌。

耐辐射菌（耐辐射球菌）
高度嗜热菌、高度嗜盐菌、耐辐射菌都是可以在极端环境中生存的微生物。除此之外，还有可以适应碱性、低温、干燥、低压、酸性环境的微生物哟！

19

09

还有新的微生物不断被发现？

——是的，近十几年来我们认识的微生物数量增加了3倍！

前文说到，在我们生活的地球上，微生物无处不在。无论是在深山老林，还是在白雪皑皑的高山，上到平流层，下到深海，包括我们人类的皮肤中、肚子中，都有微生物。

随着活动范围的不断扩大，人类在所有新涉足的地方都会发现微生物。也就是说，**人类的活动范围越大，就越有可能发现新的微生物**。据报告显示，1克的土壤中，就蕴藏着数以亿计的微生物大军。

那你知道，我们对微生物的了解又有几分吗？

截至 2020 年 5 月，在参照《国际原核生物命名法》的线上数据库 LPSN（原核生物标准命名列表）中登记的原核生物的数量大约是 19000 种，包括细菌和古菌。有说法称，这个数量不过占地球上微生物物种总量的 0.0005% ～ 1%。并且，能够人工培养的微生物是九牛一毛，绝大多数微生物是很难人工培养的。

2007 年，国际微生物学会联合会登记的微生物种类还不到 5000 种。但到现在的十几年间，仅原核生物就增加了近 3 倍！在登记微生物时，我们必须搞清楚微生物的大小、形态、需要何种营养物质维持生命等生理学特征，还须知晓生成细胞膜的脂质类型、细胞壁的结构等化学性状，以及核糖体 RNA 编码等遗传信息。

特别需要指出的是，**遗传信息序列分析技术的进步大大促进了微生物的科学分类的发展**。随着科学的进步，我们发现，

位于 Cedars[1] 的蛇纹岩，水从中流出，看上去发白的是碳酸钙的结晶。

资料来源：JAMSTEC（日本国立海洋研究开发机构）

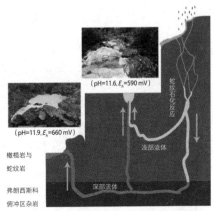

（pH=11.9, E_h=660 mV）

（pH=11.6, E_h=590 mV）

橄榄岩与
蛇纹岩

弗朗西斯科
俯冲区杂岩

深部流体

浅部流体

蛇纹石化反应

Cedars 的蛇纹岩地下结构图。这里浅色的部分和深色的部分是由于受到蛇纹石化反应的影响，有碱性的水流出。

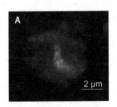

A

2 μm

在这张显微照片上的是附着了微小矿物质的 CPR 细菌[2]，用绿色的荧光标记了出来。通过调查发现，这些微小的矿物质似乎是橄榄岩或者蛇纹岩。CPR 是一个庞大的细菌类群，据说是远古细菌的一个分支。CPR 细菌的特点是异常微小，很多都具有特殊的基因。据推测，CPR 在全部细菌中占比高达 15% 以上呢！

一些曾被认为是同种的微生物，其实是新的种类。

在美国国家生物技术信息中心数据库中，登记了 510197 种细菌和 13529 种古菌。这个数据库向大家揭示了一个道理，就像人类有人种之分一样，同类别的细菌也有遗传信息不同的情况。换句话说，即使是同一种微生物，其个体也有丰富的多样性，是富有个性的存在！

---

[1] Cedars，地名，位于美国加州索诺玛县。——译者注

[2] 候选门级辐射类群（candidate phyla radiation，CPR）是在自然界广泛分布的庞大细菌类群。——编者注

哇！我们发现了很多新的微生物！2007 年，国际微生物学会联合会登记的微生物将近 5000 种，到现在仅原核生物就增加了近 3 倍！真是厉害！

10

说来说去，到底是谁发现了微生物？

——是『微生物学的开拓者』用自制显微镜发现了这些小家伙哟。

自古以来，人类就一直接受着微生物的馈赠。我们能酿出美味的啤酒、红酒，能烤出松软的面包，但我们一直都不知道，这是托了微生物的福。说起来，人类第一次发现微生物，是17世纪的事了。荷兰的列文虎克（1632—1723）是第一个观察到微生物的人。列文虎克是荷兰港口城市代尔夫特的一位布料商，也是一名市政官员。他用一个可以放大200多倍的透镜制作了一个光学显微镜，然后用这个显微镜观察身边各种各样的东西。

列文虎克用显微镜看水坑、雨水、汤、红酒等，从中发现了他从没见过的微小的动物。他把这些动物取名为显微动物（animalcule），这是世界上第一份关于微生物的报告哟。

列文虎克还把观察到的微生物的样子画了下来。这一时期，恰逢英国皇家学会成立，于是列文虎克不断地把自己的观察结果寄给英国皇家学会。终于，在1680年，列文虎克成了英国皇家学会的会员。

从列文虎克的速写画中，我们可以看出，他观察到了原生动物、藻类、酵母、细菌等，他甚至把原生动物产卵繁殖的样子也记录了下来。凭借这些贡献，列文虎克获得了"微生物学的开拓者"的称号。

那列文虎克到底是个怎样的人呢？你知道大名鼎鼎的画家约翰内斯·维米尔吗？他们两人都是代尔夫特人，据说维米尔死后，是由列文虎克管理他的遗产呢。人们猜测维米尔的作品

列文虎克的画像
列文虎克于 1632 年 10 月 24 日生于荷兰代尔夫特，1723 年 8 月 26 日逝世，享年 90 岁。

约翰内斯·维米尔画作《天文学家》
人们认为该画作的人物原型就是列文虎克。维米尔去世后，列文虎克成为他的遗产管理人。也有人认为，列文虎克留下的那些速写画，实际上可能是维米尔帮他画的。

《地理学家》和《天文学家》中的人物原型就是列文虎克。仔细端详的话，你会发现这两幅画中的学者长得确实很像呢！

如今在荷兰莱顿大学附近的布尔哈夫博物馆中，还陈列着列文虎克的显微镜，礼品店里还售卖列文虎克显微镜的模型呢。

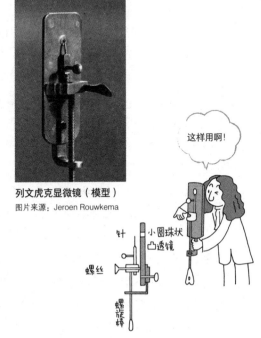

列文虎克显微镜（模型）
图片来源：Jeroen Rouwkema

这样用啊！

针　小圆珠状凸透镜

螺丝

螺状棒

显微镜的历史

　　显微镜的发明可以追溯到 1590 年。荷兰米德尔堡的一位名叫亚斯·詹森的眼镜工匠和他的儿子扎卡里亚斯·詹森共同制作了一个由 2 个凸透镜组成的复式显微镜，但是当时这个显微镜并没有用于科学研究。1608 年，围绕望远镜的发明专利，詹森家与附近同为眼镜工匠的汉斯·利伯希及他的搭档弗兰纳克大学教授阿德里安·梅提斯展开竞争，据说因为两家申请时间相同，所以最后都没有拿到这项专利。

胡克画的跳蚤

　　第二年，伽利略发明了望远镜，此后他在天文学研究领域取得了不少成果。

　　说回显微镜。利用显微镜取得的科研成果，最早的记载是 1658 年，荷兰人施旺麦丹通过显微镜观察到了蝴蝶的蜕变过程，他还发现了红细胞并描述了它的形态。接着，意大利人马尔皮基在 1660 年发现了青蛙肺部的毛细血管。1665 年，英国的建筑学家、博物学家罗伯特·胡克用自己制作的大约 150 倍放大率的复式显微镜观察动植物，并出版《显微图谱》一书，书中插图十分精确，极大地震撼了当时的学界和社会。

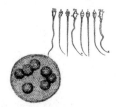

　　胡克之后就是列文虎克了。列文虎克的显微镜虽然是单式显微镜，但可以放大 200 倍以上。也就是用这个显微镜，列文虎克推开了微生物世界的大门，1673 年以后，他不断向伦敦皇家学会递交他的观察结果。

列文虎克发现并描绘的水中微生物

绿藻（左下，1674 年）/狗和人的精子（右上，1677 年）

资料来源：显微镜的历史/JMMA日本显微镜工业会

　　但是，微生物到底发挥着怎样的作用呢？这个问题的答案，要到 200 年后巴斯德出现，才会变得清晰。具体内容，我们将在第 3 章第 13 节中介绍。

第 2 章

微生物与人类一同生活？

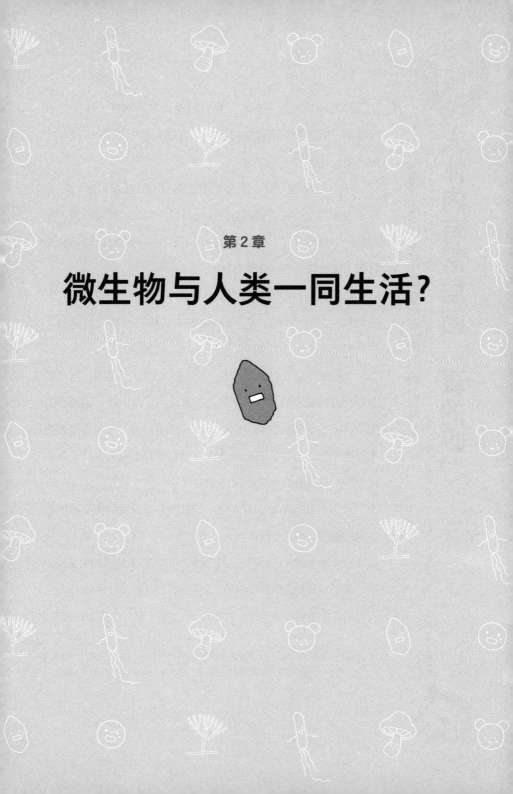

01

人体内有常居菌，真的吗？

—— 没错，它们会帮助我们产生抵抗力哟。

微生物是无处不在的，我们的身体也不例外。在我们的身体里，寄生着很多微生物呢——皮肤上、肚子里、口腔内、鼻孔中，甚至头发上都有。

打一个不太恰当的比方，**我们的身体结构就像竹轮[1]**。身体的表面就像竹轮表面烤上颜色的部分，竹轮的孔就相当于嘴和肛门。真正意义上的身体就相当于竹轮本身，除此以外的部分相当于竹轮表面及孔的部分。

微生物一旦侵入身体内部（竹轮本身），人就会生病。但当它们生存在身体内部以外的地方（竹轮表面和孔的部分），则相安无事。

我们把生活在健康的人身上、在固定位置不乱跑、与人类友好相处的细菌群落称作常居菌。常居菌多种多样，因栖息的部位，人的年龄、性别、居住场所、生活习惯，气候等因素的不同而不同。每个常居菌群落大多由几种微生物构成，也有由几十种、几百种微生物形成的"大营"。

常居菌非但不会引发疾病，有时还会保护我们免受致病微生物的侵袭。胎儿在母体内是无菌状态，一出生，马上就开始和微生物一起生活了。有研究用老鼠做实验，结果显示，无菌环境中老鼠的寿命是正常环境中的 1.5 倍。听上去不错对不对？但是，在无菌环境中生长的老鼠，免疫系统会发育不良，抵抗力比较差。

---

[1]竹轮是日本的一种食物，空心圆柱状，头尾浅黄色，中间棕色，有皱纹状表面，像被烧烤过一样。不同地域制作竹轮时使用的鱼和制作形式及味道，各有各的特征。——编者注

人体"竹轮论"

人的消化器官连通了嘴和肛门，就像竹轮那样，中间是空的。因为人体是一个整体，一旦生病各部位间容易相互影响。比如容易患口腔溃疡的人，肠胃更容易发炎，也更容易患痔疮。因为人体各个腔体是连通的，所以如果口腔不健康的话，也许会殃及肛门哟！

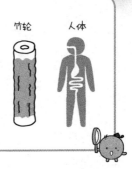

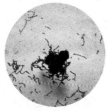

变异链球菌

据说口腔中有 700 种细菌，数量达 1000 亿个以上！变异链球菌会堆积形成牙垢（牙菌斑），是蛀牙和牙周病形成的原因。所以睡前一定要刷牙呀。

表皮葡萄球菌

有很多细菌常住皮肤中，比如微球菌、马拉色菌、念珠菌、皮肤癣菌，以及皮脂腺里的痤疮致病菌 —— 痤疮丙酸杆菌等。而表皮葡萄球菌可以帮助维持皮肤的弱酸性，抑制金黄色葡萄球菌和痤疮丙酸杆菌的繁殖，还有抑制臭味的功能呢！

肠道中的双歧杆菌和乳酸菌是有益菌，产气荚膜梭菌、脆弱拟杆菌是有害菌。非病原性的大肠杆菌和拟杆菌等是机会致病菌。在菌群中，有益菌占二成，有害菌占一成，机会致病菌占七成。

顺便说一下，有益菌是维持健康、防止衰老的菌类，有害菌是对身体产生不良影响的菌类，而机会致病菌是墙头草，在身体健康的时候没什么影响，在身体虚弱的时候会"趁火打劫"，发挥不良作用。

肠道菌群

如果用显微镜观察肠内，就会发现肠道内有很多"群生植物"，宛如花海一般。

肠道内的菌群可以帮助我们把无法消化的食物转化成对身体有益的营养物质，激活肠道内的免疫细胞，从而保护我们免受致病菌的影响。因此，保持肠道菌群的平衡是非常重要的！

02

原来身上的味道是微生物搞的鬼？

——皮脂、汗水、污垢会促进微生物的繁殖，进而产生味道。

人身上有各种各样的气味。吃了大蒜会口臭，常吃重口味食物的人会散发出香辛料的气味，还有的人吐气如兰……其实，这些气味可能是微生物引发的。

在盛夏时节慢跑会大量出汗。这些从小汗腺排出的汗几乎没有什么气味，其成分 99% 是水，另外还含有少量盐分和氨基酸。但是，汗液和皮肤表面的污垢，以及浓缩的汗液中的氨基酸等会导致皮肤表面细菌增加，产生乙酸、异戊酸等，这些物质就是形成酸臭味的"罪魁祸首"了。另外，脚底分布着很多小汗腺，脚和袜子的臭味就是乙酸和异戊酸混合的气味。

腋下等部位是大汗腺，大汗腺分泌的汗液除水分之外，还含有蛋白质、脂质、脂肪酸等物质。人们认为，常居菌中的葡萄球菌会将汗液中的脂肪酸转化成一种叫 3- 甲基 -2- 己烯酸的短链脂肪酸，从而导致腋臭。其实在自然界中，汗液的味道，原本是会吸引异性的，与信息素的作用类似。

我们的头部皮脂腺发达，油脂分泌很旺盛。分泌的油脂中含有长链脂肪酸，它会被分解成戊醛、正庚醛等醛类，以及异戊酸、异丁酸、戊酸、己酸等低级脂肪酸，并与吲哚等物质混合在一起，形成独特的臭味。

此外，衰老也会导致人身上的气味发生变化。这是因为，随着年龄的增加，皮脂中的棕榈油酸等不饱和脂肪酸发生氧化，形成 2- 壬烯醛，从而产生了气味。但微生物是否参与了这个过程，我们还不得而知。

小汗腺与大汗腺

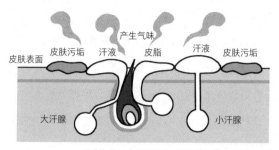

皮肤表面　皮肤污垢　汗液　皮脂　汗液　皮肤污垢
产生气味
大汗腺　　　　　　　　　　　　　　小汗腺

图片来源：https://www.daiichisankyo-hc.co.jp/health/

为什么会有体味呢？体味大多是由皮肤里的常居菌分解了汗液、污垢、皮脂中的成分产生的。它们就是身体里释放出的气体，插图画的就是这些气体产生的过程哟。

小汗腺和大汗腺

资料来源：https://www.daiichisankyo-hc.co.jp/health/

	小汗腺	大汗腺
分布部位	全身，手心和脚心尤其多	腋下和生殖器周围
成分	氯化钠、钾、钙、乳酸、氨基酸等，99% 是水	水、蛋白质、脂质、脂肪酸、胆固醇类、铁盐等
作用	调节体温	用气味吸引异性
特征	紧张或体温上升时出汗，汗液本身无味，但时间长了会附着污垢，导致细菌繁殖，产生臭味	进入青春期后大汗腺分泌旺盛，散发出特有的气味，气味浓烈时就形成了腋臭

气味浓烈的身体部位

	特　征	气味的主要成分
腋窝	大汗腺多，皮肤常居菌也多	腋臭的独特气味成分是 3- 甲基 -2- 己烯酸，刺鼻的酸臭味主要是过度氧化的乙烯基酮导致的
足底	脚底的小汗腺数量是背部和胸部的 5 ～ 10 倍。角质也厚，而且穿着鞋和袜子也容易出汗	足底独特的臭味成分是异戊酸和乙酸等
头皮	头皮皮脂腺发达，角质细胞脱落容易产生头屑。头发也容易吸附凝聚臭味	头皮和头发散发的臭味成分是醛类、异戊酸、戊酸、异丁酸、己酸等

皮肤中有分泌油脂的皮脂腺和分泌汗液的汗腺。
皮脂可以滋润皮肤，防止干燥。
汗腺可以调节体温。

体味的成分有数百种呢！

03

使劲搓澡对皮肤不好，真的吗？

——是的，这样会破坏皮肤常居菌构筑的屏障，给致病菌可乘之机哟。

人的皮肤表面有 1000 多种皮肤常居菌。通过分析它们的基因序列，大致可以将它们分为 4 类：变形菌门（占 90%）、放线菌门（5.6%）、厚壁菌门（4.3%）和拟杆菌门（不到 1%）。

以往的研究报告表明，从皮肤上采集到的细菌主要是表皮葡萄球菌和痤疮丙酸杆菌。但利用最新的基因序列分析方法得出的结论是：这些细菌占比还不到 5%，皮肤中存在着很多无法用普通方法培养的细菌。

不同类型的皮肤常居菌生存在不同的环境中。油脂多的地方常见痤疮丙酸杆菌等放线菌门和表皮葡萄球菌等厚壁菌门的细菌；在潮湿的地方，葡萄球菌等厚壁菌门和棒状杆菌属的细菌较多；而在干燥的皮肤中，则住着与肠内细菌相同的变形菌中的细菌和黄杆菌这种拟杆菌门的细菌等。

这些细菌会吃掉皮脂，分泌脂肪酸，保持皮肤的弱酸性，这样就可以避免致病性细菌的入侵，它们也可以释放抗菌肽，将其他细菌拦在门外。而如果用抗菌皂清洁皮肤，会消灭掉这些常居菌。而且，如果用力搓洗的话，还会破坏常居菌建立起来的皮肤屏障。

但我们外出回家后还是要洗手，在没有洗到的部分，常居菌会为我们建立新的屏障。不过，清洁皮肤时如果用力过度，不仅会破坏屏障，也会损伤皮肤，从而导致病原菌的侵入。下次洗澡时，要记得力度适中，不要过度刺激皮肤哟！

生活在皮肤里的常居菌

这些细菌是皮肤常居菌，它们就生活在我们的皮肤中。它们会吃掉皮脂，分解脂肪酸，保持皮肤的弱酸性哟。

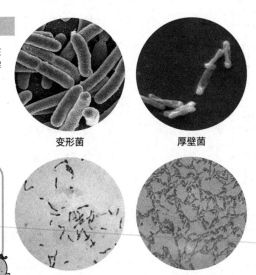

变形菌　　　　　　　厚壁菌

令皮肤保持弱酸性，致病性细菌就不容易侵入皮肤。而且皮肤常居菌还能分泌促进皮肤抗菌细胞增殖的肽，防止细菌的入侵哟。

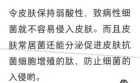

棒状杆菌　　　　　　拟杆菌

不要用力清洗身体!

皮肤常居菌中的表皮葡萄球菌居住在角质层里，可以帮助我们抑制致病性的金黄色葡萄球菌和真菌的繁殖！为了这些保护我们皮肤的常居菌，我们就不要用抗菌皂了！而且，用力清洗会破坏常居菌为我们构筑的皮肤屏障，还会损伤皮肤，导致病原菌侵入。因此，清洗时尽量减少对皮肤的刺激是十分重要的呀。

04

天哪！肠道内有100兆个细菌？

——肠道内细菌的总重量相当于一袋两千克的大米呢！

据说人的肠道内存在着数千种细菌,总数达 100 兆[1]个以上。按照这个数量计算的话，一个人肠道内的细菌有 1.5～2 千克重! 肠道内的细菌并不是随意分布的，它们是在相对固定的地方集体安家的。我们把这个大家庭叫作**肠道菌群**。肠道菌群一旦形成，就会比较稳定。食物带进来的致病菌很难加塞进入，这些"外来者"会被"原住民"驱走。

食物入口后，经过胃、十二指肠、空肠、回肠（到这里为止是小肠），到达大肠。胃中因为有胃酸，每 1 克消化物中只能找到 10 个左右的活细菌，但在十二指肠、空肠中则各有 1000～10000 个细菌，到了回肠，细菌数量急剧增加，每 1 克消化物中就有数千万到数亿个细菌，而在大肠里则生存着 100 亿～1000 亿个细菌!

当然，也有大量细菌死亡。在十二指肠附近，因为有和食物一起摄入的氧气，像乳酸菌这种耐氧性的兼性厌氧菌具有一定的优势。但是往大肠方向走，氧气越来越少，这里就是双歧杆菌这类厌氧菌的天下了。在 1000 多种微生物组成的肠道菌群中，绝大部分是厌氧菌。其中有 30～40 种细菌构成了肠道菌群的"主体部分"。

婴儿呱呱坠地时处于无菌状态，之后便开始与细菌共生共存。在出生后的最初几个月，双歧杆菌（*Bifidobacterium*）占有绝对优势，肠道菌群也相对稳定；开始吃辅食后，拟杆菌属（*Bacteroides*）、真杆菌属（*Eubacterium*）细菌增加；而中年以后，

---

[1] 计数单位，1 兆为 1 万亿。——编者注

双歧杆菌开始减少，取而代之的是产气荚膜梭菌。

　　有了双歧杆菌，就会产生乳酸和乙酸，它们能够保持稳定的肠道环境。而作为腐败菌之一的产气荚膜梭菌，会分解氨基酸，产生氨、胺、苯酚等有害物质。所以，人们认为产气荚膜梭菌这种不速之客的增殖会导致肠道老化，产生大量身体无法处理的有害物质，从而影响全身的健康。

选出的肠道细菌代表

图片来源：养乐多中央研究所

人的肠道内生存着数千种细菌，总数达 100 兆以上，重量达到 1.5 ～ 2 千克。细菌在肠道中以群落方式生存，各种菌群共同形成了肠道菌群大家庭。我们选出了一些代表，看看它们的特征和作用吧！

双歧杆菌

双歧杆菌可以利用乳糖和低聚糖，产生乳酸和乙酸，以保持肠道内较低的 pH 值，抑制肠内机会致病菌。这种菌的形态多为 V 字形或 Y 字形。希腊语中 bifid 表示分歧，所以这种细菌叫 Bacillus bifidus（双歧杆菌），这就是双歧杆菌一词的来源。

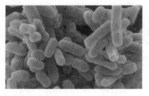

脆弱拟杆菌

这种细菌是厌氧革兰氏阴性杆菌，它既不长芽孢，还很宅，几乎不移动。虽是厌氧菌，但又有一定的耐氧能力，在有氧环境中待几小时没什么问题。它在细菌群落中比较有优势，虽然不易致病，但当我们因为疲劳或压力抵抗力下降时，它便会"趁火打劫"，导致我们生病。它还能使青霉素灭活。

粪肠球菌

它是兼性厌氧革兰氏阳性乳酸菌，同脆弱拟杆菌一样，也很宅。它的形态有球菌、双球菌、短链球菌这几种，是消化系统的常居菌哟。它也在健康的人体内生存，但有时会引发尿路感染和败血症。而且，有的粪肠球菌连抗生素都拿它没办法。现在，粪肠球菌在临床上正受到越来越多的关注。

05

肠道是我们的『第二大脑』？

—— 肠道中会产生大量血清素，这种物质可以让我们感受到幸福哟。

由食道、胃、小肠、大肠构成的消化系统，其内壁有呈网状的肠神经系统。人体内的这一系统由数亿个神经细胞构成，即使没有大脑这个司令的指挥，它也能够自主调节肠道的运动、分泌和血流等各种消化器官机能，从而帮助我们维持生命。因此，肠道又被称为"第二大脑"。

科学家认为肠道神经和脑有着密切的关系。在紧张或有压力时，你会肚子疼吧？这是大脑的紧张直接作用于肠道引起的。

而且，肠道并不只是负责消化和吸收，它同时**具备肠道免疫功能，会和致病微生物作战**。当病原体入侵肠道，肠壁上的免疫器官就会和它们作战，阻止其进入体内。另外，它还是名合格的"情报员"，会及时向大脑汇报有哪些不速之客进入到了体内。

也有学者认为，这种大脑和肠道之间的沟通其实是由肠道细菌完成的。这种观点认为，调整肠道菌群，可以使大脑和肠道的沟通正常化。有研究用患有肠易激综合征的老鼠做实验，发现如果肠道菌群异常，给大脑传递信息就会发生异常。

另外，我们还发现，**肠道内会产生大量的血清素，这种物质可以让我们感受到幸福**。有研究显示，某些特定的肠道菌群参与了这种物质的生产工作。

除此以外，在一项对携带不同拟杆菌数量的女性的对比研究中，研究者发现，拟杆菌少的一组女性更容易感到不安和焦虑。虽然我们尚不清楚是因为某种特定的细菌较少，所以更容

拟杆菌属

据说体内拟杆菌数量不同的人，对不安和焦虑的感受程度也会不同。拟杆菌少的人负面情绪更强。

易感到不安，还是更容易感到不安的人携带了少量的特定的细菌，但可以确定的是，肠道细菌与肠道、大脑之间有着极其密切的关系。

消化道的黏膜组织里有先天免疫细胞。它自身会产生 IL（白细胞介素）-10，抑制肠内细菌反应，避免引起炎症。IL-10 是一种抑制炎症和自身免疫应答的细胞因子（具有生物活性的蛋白质）。

维持肠道稳态的示意图

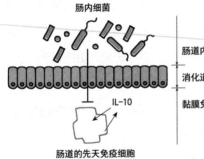

肠内细菌

肠道内部

消化道上皮层

IL-10

黏膜免疫

肠道的先天免疫细胞

肠是"第二大脑"

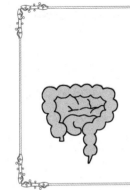

肠道可以帮助我们维持体内稳态（homeostasis），即在外界环境发生变化的时候，可以让我们的神经系统、内分泌系统和免疫系统继续工作，以维持身体的基本机能，保持体内环境的稳定。即使大脑没有发出指令，肠道一天 24 小时也都一直在做判断，主动出击，所以被称为"第二大脑"。顺便说一下，homeostasis 这个词来自希腊语，表示"同一状态"。

06

龋齿和牙周病是微生物搞的鬼？

——细菌不但能导致龋齿和牙周病，还可能引发心内膜炎和动脉硬化！

成年人的口中有数百种细菌，它们共同形成了口腔常居菌群。每 1 毫升唾液中，生活着数百万到数亿的细菌。刷牙认真的人口腔内有 1000 亿～ 2000 亿个细菌，而不刷牙、有牙垢的人口中，细菌的总数可达 1 兆个左右！

导致蛀牙的就是大名鼎鼎的变异链球菌（*Streptococcus mutans*）了。它是一种乳酸菌，一旦附着在牙齿表面，就会在周围产生黏糊糊的不溶性多糖 β－葡聚糖，这也是牙垢形成的原因。葡聚糖紧紧地附着在牙齿上，而细菌周围又是厌氧环境，所以细菌吃掉糖之后就不断地生成乳酸。这些酸很可怕，会溶解掉牙齿表面的牙釉质，因为牙釉质的主要成分就是磷酸钙。如果这些酸侵入到了牙本质的话，就会造成严重的蛀牙！因为牙本质比牙釉质更脆弱，更容易被酸溶解。

再来说牙周病。牙周病就是细菌侵入到牙齿和牙龈之间的缝隙后，形成牙垢或牙结石造成的。如果得了牙周病，口腔中可以发现牙龈卟啉单胞菌（*Porphyromonas gingivalis*）、福赛斯坦纳菌（*Tannerella forsythia*）、齿垢密螺旋体（*Treponema denticola*）等多种细菌。

牙周病与多种细菌有关，这些细菌共同构筑一种被称为生物膜的组织，形成社群，共生共存并不断繁殖，影响细菌的致病性。这些细菌赖在口腔中，产生破坏组织的酶和扰乱免疫的物质，使牙龈发炎，严重的话则发展成牙周炎，溶解支撑牙齿的牙槽骨，甚至导致牙齿脱落。

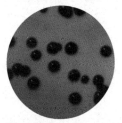

牙龈卟啉单胞菌

牙周病的致病菌,除了牙龈卟啉单胞菌、福赛斯坦纳菌、齿垢密螺旋体以外还有几种。得了牙周病千万不要大意,它与心脏病、肺炎也有关,还会引发手脚末端毛细血管堵塞的 Buerger 病(血栓闭塞性脉管炎),甚至还会导致早产。

图片来源:日本细菌学会

据说,龋齿细菌和牙周病细菌是由母亲或其他家庭成员传给新生儿才得以生生不息的。我们已经知道,这些细菌还可能引起心内膜炎、动脉硬化等全身性疾病。甜食会促进它们的繁殖,所以饭后一定要刷牙呀!这样才可以防止这些细菌附着在牙齿和牙龈上,从而达到预防龋齿和牙周病的目的。

龋齿的形成过程

1 一种叫变异链球菌的乳酸菌附着在牙齿上,吃掉糖分。

2 变异链球菌分解糖分,产生牙垢。

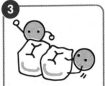

3 变异链球菌将糖分发酵,产生乳酸等酸性物质。

4 酸性物质溶解牙釉质,进而溶解牙本质,形成龋齿。

牙龈和牙槽骨的对比

未患牙周病

患有牙周病

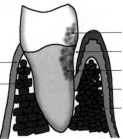

牙垢
牙周袋
牙结石
发炎的牙龈
被破坏了的牙槽骨

健康的牙龈
健康的牙槽骨

记住!
饭后 20 ～ 30 分钟内刷牙,
可以有效预防龋齿。
还有,使用牙线
也很有必要呀!

07

微生物是导致青春痘的罪魁祸首？

——青春痘的致病菌是痤疮杆菌，它有『两副面孔』呢！

青春痘是一种慢性皮肤炎症，也叫寻常性痤疮。有报告显示，十几岁的青少年中有 90% 以上的人都患过痤疮，因此它被视为青春的象征。进入青春期，第二性征开始显现，荷尔蒙水平发生了变化，毛孔深处的皮脂腺开始大量分泌油脂。若皮脂过多，毛孔又堵塞，原本一直在皮脂腺毛囊中大量聚居的致病菌就有了快速繁殖的土壤和条件，这就导致了痤疮。

引起痤疮的细菌是痤疮丙酸杆菌（*Cutibacterium acnes*）。以前名叫 *Propionibacterium acnes*，近年来，我们通过解析它的基因组，认清了它的"真实身份"，它的名字也就相应发生了变化。不过，我们就叫它痤疮杆菌就好。

痤疮杆菌是皮肤常居菌之一，遍布全身，特别喜欢皮脂丰富的脸、背和头部，每平方厘米的皮肤中有 10 万～ 100 万个。即使是不怎么长痘痘的人，身上也是有这种细菌的。

痤疮杆菌在有氧的地方也能存活，但总的来说，它还是更喜欢无氧的环境，因此我们把它分到了兼性厌氧菌的大家庭里。它可以分泌一种脂肪酶，用来分解皮脂中含有的脂质，产生游离脂肪酸。正常情况下，这种游离脂肪酸及它的代谢产物——丙酸等会降低皮肤表面的 pH 值，保持皮肤的弱酸性以抑制皮肤表面病原菌的繁殖。听起来对我们有益对不对？但是，当痤疮杆菌在毛孔这样的封闭空间内大量繁殖的时候，游离脂肪酸和痤疮杆菌产生的补体活性调节因子和化学趋化因子，会引起皮肤发炎，导致痤疮。

痤疮形成的过程

资料来源：痘痘基础知识/大塚制药

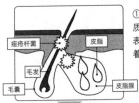

①皮脂腺分泌皮脂（油状物质），通过毛孔排出到皮肤表面。但是，毛孔里还居住着痤疮杆菌。

②由于一些原因，毛孔周围的皮肤形成角蛋白，这些硬蛋白聚积形成角质，毛孔就被堵住了，皮脂无法排出。

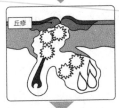

③出口被堵住，皮脂不断堆积，以皮脂为美餐的痤疮杆菌开始增加。痤疮杆菌会产生各种各样引发炎症的物质，红色丘疹就出现了。

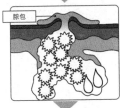

④毛孔内炎症加剧，毛孔出口破裂，炎症进一步扩散，长出脓包。

⑤如果弄破脓包，或是以其他方式刺激患处，痘痘就会越来越严重。

⑥如果把痘痘"惹急了"，痊愈后它就会留下瘢痕。所以千万不要摸、挤它呀！

此外，痤疮杆菌与心内膜炎、败血症、结节病等疾病也有关系。

痤疮杆菌就是这样一种有"两副面孔"的家伙，它会为我们的身体筑起屏障，但当我们身体环境的平衡被打破时，它又会露出狰狞面目，趁机作乱。

痤疮杆菌

青春痘是一种叫痤疮杆菌的微生物干的"好事"，它是一种兼性厌氧菌。青春痘在医学上叫作"寻常性痤疮"，是一种皮肤疾病。痤疮杆菌是皮肤常居菌，特别喜欢在油脂丰富的脸、后背和头部生活。每平方厘米皮肤中有10万～100万个痤疮杆菌呢！

图片来源：日本美伊娜多化妆品株式会社

08

足癣和体癣也是微生物造成的吗？

—— 皮肤癣菌是一种真菌，在人体温暖潮湿的部位繁殖可引发足癣和体癣。

　　一到夏天就奇痒难耐的足癣和体癣，困扰着常穿皮鞋的父亲们和常出汗的体育运动员。

　　足癣和体癣都是真菌性皮肤病，也可以统称皮肤癣菌病。引发皮肤癣菌病的菌叫作皮肤癣菌。其中，长在脚上的是足癣，长在腹股沟上的是股癣，出现在身体其他部位的可以统称为体癣。除此之外，头发上要是感染了皮肤癣菌的话，就会得头癣，指甲要是感染了的话会得甲癣，还有手部感染的手癣等。

　　皮肤癣菌是真菌的一种。虽然已知皮肤癣菌中包含了40种左右的致病菌，但在日本，常见的两种致病菌是**红色毛癣菌**（*Trichophyton rubrum*）和**须发癣菌**（*Trichophyton mentagrophytes*）。除此之外，我们还发现了大约10种致病菌，比如以格斗选手为主要感染者的头癣致病菌**断发毛癣菌**（*Trichophyton tonsurans*），源自猫咪的头癣致病菌**犬小孢子菌**（*Microsporum canis*），从土壤中感染的致病菌**石膏样小孢子菌**（*Microsporum gypseum*）等。

　　那么，这些皮肤癣菌喜欢吃什么呢？它们最爱的是角蛋白，角蛋白就是构成我们皮肤角质和毛发的蛋白质，也是皮肤癣菌最重要的营养源。因此，这种细菌可以在全身任意部位生存。不过，出汗多的温暖潮湿的环境，以及不卫生的皮肤表面，更有利于皮肤癣菌的繁殖。

　　足癣有以下几种常见类型：脚趾间皮屑脱落或皮肤溃烂的脚趾间型、容易长在脚心处的**小水疱型**、脚后跟等足底变硬的角质增生型。而体癣则是红色隆起的皮疹呈圆形扩散开来。

皮肤癣菌是真核生物，所以像抗生素之类的抑菌药拿它是没有办法的。它们和我们有着相似的细胞结构，所以要使用抗真菌药物才能对真核微生物起作用。这些药主要作用于细胞膜，影响细胞膜的功能，改变细胞膜结构，或者阻止真菌外壁的生成。

足癣即使治好了也容易复发。一个主要原因是，带有皮肤癣菌的皮屑会变成灰尘掉在家里地板的角落里，或者附着在拖鞋、地毯上，然后再"伺机"感染人类。

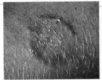

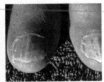

胳膊上的体癣　　指甲上的甲癣

不同类型的足癣症状

种类	特征
脚趾间型	脚趾间的皮肤发白变软、潮湿脱皮。这是最常见的症状
小水疱型	脚心周围和脚底边缘处长出很多小水疱，最后水疱破裂，表皮脱落
角质增生型	脚底硬化变厚、皲裂，这种类型相对少见

容易感染足癣的地方

足癣和体癣的致病菌是一种真菌，叫皮肤癣菌，据说有 40 种左右。不知什么时候开始，土壤中的真菌附着到了人身上，以皮肤最外层的角质成分——角蛋白为营养进行繁殖。其实，皮肤癣菌即使附着在皮肤上，也不会很快跑到皮肤表面，它们并不容易转移。最麻烦的就是，如果家里有足癣患者，真菌随着脱落的皮屑散落在地板上，家人每天踩踏的话，可能也会感染。

足癣患者

家里
浴室脚垫
被子
地毯和榻榻米

附着皮肤癣菌的皮屑脱落

家外面
温泉和公共浴池
健身房
公共场所的拖鞋

感染

皮肤癣菌附着到其他人的脚底

09

念珠菌病也是微生物导致的吗？

——白色念珠菌是一种机会致病菌，在人体免疫力低下时会露出凶恶面目。

念珠菌病是一种在皮肤或黏膜等潮湿的地方出现红疹、伴有强烈瘙痒或刺痛感的疾病。可发于多个部位，如腋下、松弛的腹部的皮肤褶皱处、肚脐、口腔和食道、生殖器等。

这种病的病因是感染了**念珠菌属的致病性酵母菌，一般是白色念珠菌**（*Candida albicans*）。白色念珠菌是消化道中的常居菌之一，通常情况下不会对人体造成伤害。但是，当一个人精神压力大、免疫力下降时，念珠菌就会在黏膜或潮湿的皮肤上过度繁殖。炎热潮湿的天气、不注意卫生、不勤换尿布或内衣、怀孕、肥胖、糖尿病、感染 HIV 病毒、服用免疫抑制剂、服用抗生素等，都会成为感染念珠菌的导火索。我们把这种在一定条件下才会引发感染的细菌叫**机会致病菌**。

白色念珠菌不仅是机会致病菌，还是声名在外的"二相真菌"。如果在普通的培养基中培养，它的形状就像面包酵母那样，呈椭圆形，并且是**出芽繁殖**。但是，如果有血清，或者受温度、pH 值、二氧化碳等因素的影响，它就会长出菌丝，通过菌丝生长繁殖。

白色念珠菌以常居菌的身份寄居在人体消化道内时，是像酵母那样生长的。但是，一旦侵入皮肤组织，就会出现酵母型和菌丝型两种繁殖方式。

另外，在动物实验中，由酵母型变成菌丝型时会发生感染，所以科学家推测，变成菌丝型这一过程也许与该菌的致病性有关。

42

什么是念珠菌病?

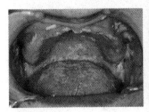

口腔念珠菌病

图片来源:公益社团法人日本口腔外
科学会

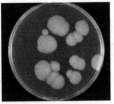

在琼脂培养基中培养的白
色念珠菌

念珠菌病就是指念珠菌属的真菌引起的皮肤疾病。它可以
出现在身体的很多地方,常见的有口腔、食道、皮肤、阴
道中等。念珠菌的种类很多,比如白色念珠菌、光滑念珠菌、
近平滑念珠菌、热带念珠菌,等等。念珠菌病基本是由白
色念珠菌引起的。念珠菌是机会致病菌,身体状况不好时,
身体任何地方都有患病的风险,一定要注意啊!

什么是阴道念珠菌病?

阴道念珠菌病(阴道炎)困扰着女性。拜耳制药曾对患者进行调查,日本
佐藤制药在其官网引用拜耳调查的数据,介绍了阴道炎的原因和症状,我
们一起看看吧。

数据显示,每 5 人中就大约有 1 人患病,有近四成的女性复发。其他制药
公司的调查数据也显示,有 20% 左右的人患过阴道炎。因为白色念珠菌是
机会致病菌,当怀孕和分娩导致荷尔蒙平衡发生变化,或因疲劳和压力患
了感冒,导致免疫力低下时,它就开始"四处活动"了。我们都不想得这
样的病,所以平时就要注意提高免疫力哟!

阴道炎患者比例

数据来源:拜尔制药
16~54岁女性 样本数量=509

阴道炎复发比例

数据来源:拜尔制药
16~54岁女性 样本数量=1500

43

10

大便的颜色和形状是身体状况的晴雨表？

——健康的大便颜色介于土黄色和茶色之间，形状是香蕉状的哟。

大家每天都排便吗？

排完便稍微看一下自己的大便，就会知道自己的肠内细菌的情况和健康状况哟。

以前人们认为，食物消化之后的残渣会形成大便排泄出去，现在则认为，大便中除了水分以外，大部分是死亡的肠壁细胞和肠内细菌。因此，大便的颜色和形状可是肠内细菌状态和肠内环境的晴雨表呢。

食物从小肠进入到大肠时还是液体状态，这种状态会持续4～15小时。之后需要15～38小时变成粥状的半固态，从半固态到固态需要花费12～24小时。食物进入大肠后要花1～3天时间慢慢向前移动。

大便的颜色一般介于土黄色和茶色之间，这个颜色是十二指肠中的黄褐色胆汁染成的。胆汁被肠内细菌代谢后会变成茶色。大便呈黄色到黄褐色，说明肠内有益菌占有优势，肠道健康！

有益菌（乳酸菌等）活跃的话，会产生有机酸，就能保持大肠的弱酸性，抑制胆汁的分泌，大便接近土黄色。

但如果有害菌占了上风，肠内 pH 值上升，肠道环境呈弱碱性，大便颜色会发黑。这就提示我们，蛋白质可能摄取过多了。

除此之外，如果大便发绿，可能是急性肠炎；如果发红，就要排除大肠癌的风险；黑色的话可能是肠道内有出血状况。

除了颜色，形状也很重要。健康的大便是像香蕉那样完整、柔

闻一闻！

机会致病菌

有害菌

有益菌

吃普通的蔬菜，形成的大便不会有味道，但是大蒜和韭菜之类的蔬菜中含有硫元素，它是大便臭味的来源。吃蛋白质含量高的肉类也会产生恶臭的大便。不过说到底，还是肠内细菌的作用。

软、有一点黏性的。

如果拉肚子，则怀疑存在炎症。如果大便干硬、呈球块状，则很有可能是膳食纤维摄入不足、压力过大等因素造成的。

健康的肠道才能排泄出健康的大便。而健康的肠道是由健康的肠内细菌打造的。我们要注意健康饮食，放松心情，让对我们有益的微生物在肠内繁殖，这样才可以保持健康。

看颜色！

灰色　黑色　红色　绿色

资料来源：大便自检/大正制药

从大便的颜色就能看出肠胃的状况。正常的大便颜色介于土黄色和茶色之间。如果肠道中有益菌占优势，大便颜色就介于黄色和黄褐色之间；如果大便发白或发灰，可能是脂肪摄入过多，造成了消化不良，或是有患病的可能性；若是黑色的大便，则可能是蛋白质摄入过量，或者是肠胃出血；大便是红色的话则怀疑是大肠癌、痔疮；大便发绿，可能是急性肠炎。如果排便后有残便感、肚子发胀，排出干硬的大便时感到疼痛，可能是便秘了。这种时候，一定要调整生活节奏，改善膳食结构啊！

看形状！

很慢 约 100 小时	1	球便	干硬的球块，像橡树果一样
	2	硬便	几个硬块粘在一起，呈香肠状
	3	较硬便	香肠状，表面有裂缝
通过消化道 的时间	4	普通便	香肠状，光滑柔软，或是盘卷的状态
	5	较软便	半固态的软便
	6	泥状便	不成形，像泥一样
很快 约 10 小时	7	水样便	没有固体物质，像水一样的液体便

※1997年英国布里斯托大学希顿博士根据大便的形状和硬度提出的大便分类法（Bristol Stool From Scale）。

45

11

屁为什么这么臭？

——屁很臭是大量摄取蛋白质导致大肠内有害菌增加的缘故。

美国国家航空航天局（NASA）曾经研究过在密闭的宇宙飞船中放屁会产生怎样的影响。据说NASA之所以会开展这样的研究，是因为他们担心屁中含有的可燃性气体会在特殊条件下燃烧起来。

那么，研究结果如何呢？

据说他们从屁中检测出400种成分！在这之后，有很多关于屁的研究成果相继问世。研究表明，大部分的屁是没有臭味的，主要成分是二氧化碳、氢气、氮气。

产生臭味的物质是硫化氢、甲硫醇、二甲硫醚等硫化物和由氨基酸等生成的吲哚和粪臭素。这些物质在屁中的含量不到1%。

研究表明，屁的大小、次数、所含成分因人而异。通常人们一天中会放几次到50次左右的屁，体积从100毫升到数升不等。

那么，你知道人为什么会放这么多的屁吗？

其实，屁的大部分成分是随食物和饮料一起吃进肚子里的空气。吃饭和喝饮料的时候，我们无论如何都会带着些空气一起咽下。这些气体，一部分会通过打嗝排出来，如果没有"及时回头"，进入消化道里，那么就只有变成屁的命运了。这些空气因为原本是空气，所以并不臭。但是，它们通过胃、小肠、大肠后，肠内细菌产生的气体就混入其中了。

肠内细菌中的大肠杆菌和很多乳酸菌最喜欢糖分。它们会分解并吸收各种人消化不了的糖，产生二氧化碳。这些糖中比较有名的就是低聚果糖和膳食纤维了。如果平时的饮食中摄取这类物质较多，那么乳酸菌就会不断地繁殖，届时就会释放出大量的二氧化碳。也就是说，**肠内有益菌多，屁就会相应增多**。没想到吧？但是因为二氧化碳没有臭味，所以这样的屁并不会太臭。

那么，为什么有的屁会臭得让人直想捏鼻子呢？

臭味的来源是食物中含硫的物质。蛋白质中含有蛋氨酸和半胱氨酸等氨基酸，这些氨基酸中就含有硫元素。它们被微生物分解代谢后，就会生成硫化氢、甲硫醇、二甲硫醚等硫化物。

另外，韭菜、大蒜、洋葱等有特殊气味的蔬菜，含有大蒜素这种气味强烈的成分，它也是含硫的化合物。它可以帮助我们缓解疲劳，但同时也是臭味的来源。

大肠杆菌和很多乳酸菌不擅长分解消化蛋白质，因为它们不产生分解蛋白质的酶。

成人的大肠里有很多产气荚膜梭菌（*Clostridium perfringens*），它们擅长分解消化蛋白质。它们会释放出许多蛋白质水解酶来分解周围的蛋白质，同时，它们还具备一种特殊的能力——**从其他细菌不能利用的氨基酸中获取能量，进行繁殖**。因此，平时摄入蛋白质较多的人的大肠中，占据优势的就不是乳酸菌等有益菌，而是产气荚膜梭菌等有害菌，而蛋白质中的含硫氨基酸被它们分解后会生成硫化氢等气味强烈的挥发性硫化物，这种气味强烈的臭气，混到与食物一同咽下的空气队伍中，**使屁变臭了**。

蛋白质是支撑我们身体的重要营养素，为了放屁不臭而不吃蛋白质显然是荒唐可笑的。但悄悄告诉你，如果真的在意这件事，我们可以在摄入量上稍加控制。

只闻其味
不见其形

美国真是个有趣的国家啊！NASA 居然研究在宇宙飞船那样的密闭空间中放屁会产生怎样的影响，还从屁中检测出了 400 种成分！

据统计，人一天要放几次到 50 次的屁。屁的臭味来自甲硫醇、二甲硫醚等硫化物和由氨基酸生成的吲哚和粪臭素。吃某些蛋白质食物，比如肉、鱼、鸡蛋、豆类，以及有特殊气味的蔬菜，臭味就会更浓烈！

有特殊气味的蔬菜中含有一种叫大蒜素的成分，它会变成硫化物。动物性蛋白质和有特殊气味的蔬菜中的硫化物都是臭味的来源。
大肠杆菌和乳酸菌等有益菌不擅长分解蛋白质，产气荚膜梭菌这种有害菌却非常擅长呢。光吃肉的话，产气荚膜梭菌会非常活跃，不断在大肠中繁殖，在菌群中占据优势地位。这样一来，就会把蛋白质中更多的含硫氨基酸变成硫化氢等气味强烈的挥发性硫化物。然后，噗，放出很臭的屁！

有害菌——产气荚膜梭菌

有益菌——乳酸菌

48

第 3 章

发酵能让食物变得
更美味？

01

葡萄酒、啤酒和日本清酒都是通过发酵制成的？

——是的，不过葡萄酒的发酵方法和啤酒、日本清酒不同哟。

葡萄酒、啤酒、日本清酒被称为酿造酒。它们都是通过发酵原料酿造而成的，当然，原料不同，酿造方法也不同。

先说葡萄酒吧。葡萄酒的原料葡萄中含有葡萄糖和果糖等物质。像葡萄这样的植物，为了繁衍后代，必须结出甘甜的果实，吸引鸟儿们来吃，这样才有机会让鸟儿把种子带到更远的地方。所以，它必须要散发出又甜又香的气味来吸引鸟儿。

而啤酒和清酒则不同。啤酒的原料是麦芽。在日本，酿造啤酒时有时也会加点粳米，但无论如何，原料都是谷物。清酒是以粳米为原料，也是谷物。谷物与果实不同，稻粒周围没有香甜的果肉。粳米和大麦就相当于葡萄籽的部分。

种子为了繁衍下一代，必须努力发芽，并让小芽生长。把种子放在脱脂棉上，只浇水就能让种子发芽。但仔细看就会知道，种子中没有那么长的根、茎、叶，等等。植物是在发芽的过程中，自己长出根和芽的。

发芽需要大量的能量。能量则来源于大麦和粳米中的淀粉。淀粉是几万、几十万的葡萄糖分子结合而成的巨大分子，本身不甜。吃米饭的时候会越嚼越甜，是因为淀粉被唾液中的淀粉酶分解，分子逐渐变小，而小分子糖会有甜味。

酿酒要使用酵母，但是酵母吃不了淀粉那种大分子，所以需要事先将淀粉分解成葡萄糖和麦芽糖，这个过程就是糖化。

先糖化再发酵和直接发酵，是两种截然不同的酿造方法。葡萄酒是在原料果汁中直接加入酵母进行发酵，这种方法叫作

酒米/山田锦 图片来源：stock foto

单式发酵，酿成的酒叫作单式发酵酒。啤酒和日本清酒是先糖化后发酵，经过两道工序，酿成的酒叫作复式发酵酒。

酒米的正式名称是"适合酿酒的米"，大多数酒米要比食用米大一些。将酒米中的淀粉糖化分解，然后加入酵母就可使其发酵。具有代表性的酒米有山田锦、五百万石、美山锦、雄町等，除此之外还有很多其他种类的酒米。听说现在已经登记注册了120多种酒米。

> 像葡萄酒那种直接把酵母加进果汁中发酵的酒叫"单式发酵酒"，啤酒和日本清酒这种经过糖化之后再发酵制成的酒叫"复式发酵酒"。
> 成熟的葡萄果实中含有葡萄糖和果糖，把酵母加进葡萄果汁中，经过发酵，就酿成了美味的葡萄酒。
> 日本种植二棱大麦，用来酿制啤酒。说到种植品种的话，在东日本和西日本有甘木二条、Sachiho Golden，东日本还种植有 Mikamo Golden，除此之外还有很多其他品种呢！酿酒之前，要先让大麦的种子发芽，分解酶活跃起来，然后将种子中的淀粉糖化，形成麦芽糖。

法国/勃艮第葡萄园伏旧园（Clos de Vougeot）

为什么用单式发酵法酿造葡萄酒？

—— 葡萄酒的酿造工艺相对简单，是最古老的酒之一哟。

大家都知道，葡萄酒是最古老的发酵食品之一。据考证，葡萄原产于高加索地区（黑海和里海之间），那里也是最先开始酿造葡萄酒的地方。

科学分析表明，从格鲁吉亚的遗址中发现的曾用来酿造葡萄酒的罐子，可以追溯到公元前 6000 年，这是目前发现的有关酿造葡萄酒的最古老的证据。但仔细想想，人类在发明了陶器后，就可能已经开始酿酒了，人类酿造葡萄酒的实际历史应该比我们想象的更久远呢。

在中国河南省的贾湖，发现了公元前 7000 年左右的素陶罐，据推测，它们曾用于发酵大米、野葡萄、蜂蜜、山楂等，这是世界上关于酒的最古老的记录了。我们不妨想象一下，古人把葡萄存放到了这些陶器中，一段时间后，附着在葡萄皮上的酵母开始发酵，产生了酒精，最后意外酿成了葡萄酒！如果再把新鲜的葡萄放到相同的罐子中，以前发酵时残留在罐子内壁孔隙中的酵母便会继续发挥作用，使葡萄发酵。

葡萄酒的原料是成熟的葡萄，其主要成分是葡萄糖和果糖，它们是通过光合作用合成的蔗糖被转化酶分解的产物。这两种糖的比例，会因葡萄种类、种植地域的不同而有所差异。酵母吃掉这些糖并产生酒精，从而形成了葡萄酒。葡萄糖比果糖的发酵速度更快，两种糖同时存在的话，发酵会更顺利呢！

因为葡萄里含有酵母的食物——糖，所以只要在果汁中加入酵母，发酵就开始了！像这种原料里本来就含有糖，只要

在古希腊塞浦路斯岛（现在的塞浦路斯共和国）的帕福斯发现的古希腊马赛克图案，上面画的是葡萄酒和酒神狄俄尼索斯。

加入酵母就能酿出的美酒叫作**单式发酵酒**，也就是只经过发酵的酒的意思。当然，并不是单单发酵就能得到美味的葡萄酒，这中间还要花费很多努力和心思，才能酿出口感丰富、种类繁多的葡萄酒。但是单从酒的制作方法来看，这是最简单的一类。也正因为如此，自古以来就很盛行酿造葡萄酒。

自古以来人们就喜欢饮酒。在公元前 7000 年左右的中国、公元前 6000 年左右的格鲁吉亚、公元前 5000 年左右的腓尼基（现在的黎巴嫩）和伊朗、公元前 4500 年左右的希腊，人们就开始喝葡萄酒了。有确凿证据的是在公元前 4100 年的亚美尼亚（位于黑海和里海之间）的遗址中发现了葡萄酒的压榨机、发酵槽、瓶子、杯子和欧洲葡萄籽哟。

公元前 1500 年的古埃及（埃及新王国时代／第 18～20 王朝）墓中的壁画，上面描绘的居然是栽培葡萄和酿造葡萄酒的景象！

红葡萄酒和白葡萄酒的酿造工艺

资料来源：https://www.fwines.co.jp/knowledge/manufacture.html

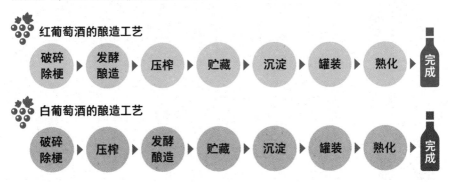

红葡萄酒的酿造工艺

破碎除梗 ▶ 发酵酿造 ▶ 压榨 ▶ 贮藏 ▶ 沉淀 ▶ 罐装 ▶ 熟化 ▶ 完成

白葡萄酒的酿造工艺

破碎除梗 ▶ 压榨 ▶ 发酵酿造 ▶ 贮藏 ▶ 沉淀 ▶ 罐装 ▶ 熟化 ▶ 完成

03

为什么用单行复发酵法酿造啤酒？

——麦芽中的淀粉必须先被分解成小分子糖，才能发酵产生酒精哟。

据说啤酒起源于古代的美索不达米亚平原。考古学家发现了公元前 3000 年左右的黏土板，即泥版，上面记载着分给劳工的啤酒的量。这个时期，啤酒的酿造方法与现在不同，是把干燥的大麦麦芽磨成粉，烤成面包，再把面包弄碎、加水，让其自然发酵后得到啤酒。

大麦和小麦不同，必须经过焙煎或发芽干燥之后才能磨成粉。所以远古的啤酒是把干燥的麦芽磨成粉做成面包，然后再加水酿成的。

说是啤酒，其实感觉更像是大麦面包做的粥，里面生长着形形色色的微生物。这种啤酒渐渐传到了古代巴比伦帝国，在《汉谟拉比法典》里也有关于啤酒的记载。后来又传到了埃及，在埃及，建造金字塔的劳工可以分到啤酒。再后来，啤酒又传到了欧洲，深受德国人的喜爱。

据说，11 世纪德国鲁珀茨堡女子修道院的希尔德加德院长最先使用了啤酒花。到了 14 世纪，德国北部的艾恩贝克成了酿酒名城。但是，现在世界上喝得最多的浅色的皮尔森啤酒，是 1842 年在波希米亚地区（现在的捷克境内）的皮尔森生产出来的。

如今酿造啤酒要使用大麦麦芽。像麦子和大米这样的谷物，实际上就是种子。种子发芽后，可以通过光合作用合成所需的营养，但在发芽之前，必须依靠自己储备的能量。种子为自己储存的能量就是淀粉了。但是，对发酵酒精的酵母来说，淀粉的分子过大，无法享用，自己又无法分泌能把淀粉分解成葡萄糖等小分子糖的淀粉酶,所以要想发酵产生酒精,必须从其他地方"调兵遣将",请来可以分解淀粉的淀粉酶。

大麦发芽时也必须利用自身储存的淀粉,把它转化成能量。发芽时需要淀粉酶把淀粉分解成麦芽糖或葡萄糖。但是你知道吗,休眠中的种子几乎没有淀粉酶,只有在种子发芽时,才会产生大量的淀粉酶,用来分解麦芽中含有的淀粉。

酿造啤酒时,要把麦芽磨碎,加入热水,用麦芽中的淀粉酶分解麦芽中的淀粉,这一过程叫作"糖化"。糖化后,去除麦渣等杂质,过滤麦汁,然后加入酵母发酵。像这种能够明确区分糖化阶段和发酵阶段的发酵方式叫作单行复发酵。一个接一个的步骤,就像排列在一条单行线上一样。

古人也爱啤酒

古埃及的壁画中就有啤酒。据说啤酒是在公元前 3000 年左右,与大麦等谷物一起,从苏美尔传到埃及的哟。

公元前 2050 年,在美索不达米亚的苏美尔,人们已用泥版记载啤酒的领取数量了。

1842 年,在波希米亚地区的皮尔森,诞生了后来享誉世界的啤酒——皮尔森啤酒。

德国 / 波兰 / 易北河 / 皮尔森 / 布拉格 / 捷克 / 波希米亚地区 / 摩拉维亚地区 / 奥地利 / 斯洛伐克 / 多瑙河

公元前 4000—前 3000 年,苏美尔人率先发明了文字,后来就有了那些泥版上的楔形文字。据说上面主要记载的是奴隶的人数,家畜、物品的数量,土地的测量面积等。苏美尔是在美索不达米亚平原南部的巴比伦尼亚地区兴起的最古老的城市文明,位置相当于今天的伊拉克和科威特一带。

04

为什么用并行复发酵法酿造日本清酒？

——糖化和发酵同时进行，才能酿造出酒精浓度更高的酒哟。

日本清酒的酿造方法与葡萄酒和啤酒又不一样。你已经知道酵母不能直接吃掉淀粉，需要把淀粉分解成分子较小的葡萄糖或麦芽糖才可以。但是酵母无法自己生成能分解淀粉的淀粉酶，所以，需要借助外力先分解了淀粉，才能进行酒精发酵。在日本清酒的酿造过程中，日本酒曲（Koji）担当着分解淀粉的大任。

日本酒曲是在蒸熟的粳米中培育米曲霉的物质。米曲霉在蒸熟的粳米中繁殖的时候，会产生大量的淀粉酶。所以，把酒曲、蒸熟的粳米、水和酵母（日本清酒中叫酒母）放到一个发酵池中，酒曲的淀粉酶将粳米的淀粉分解成葡萄糖，酵母吃掉葡萄糖发酵酒精。因为把淀粉转变成葡萄糖的"糖化"过程和发酵酒精的"发酵"过程同时进行，所以这种发酵方式被称为并行复发酵。

日本清酒有其独特的酿造方法，比如"三次加料法"，这是提高产量的好办法。经验告诉我们，一次性酿出大量的清酒是很难的。所以，日本人在酿造清酒时，先将不到二成的原料（酒曲、蒸米、水、酒母）混合，这时，糖化和酵母增殖就开始了，这叫"初添"。放置1天，促进糖化和酵母繁殖，这叫作"舞动"。

第三天第二次加入原料，这被称为"中添"。这次加入的量大概是初添时的2倍，糖化和发酵继续进行。

第四天是最后一次加料，被称为"末添"。这次要加入初添时3～4倍的酒曲、蒸米、水和酒母。这样一来，醪糟就做好了，之后的两周内，酵母继续繁殖。酒曲则"功成身退"，因为醪糟中没有氧气,无法生存,只有酒曲产生的酶发挥着作用。淀粉酶不断将蒸米中的淀粉转化成葡萄糖,然后酵母吃掉葡萄糖并不断繁殖。在酵母队伍壮大的同时,酒精也在生成,**酒精浓度逐渐上升,最终达到近20%**。这可是酿造酒中最高的酒精浓度了。

你一定想问,为什么要分三次加入原料呢?因为,如果采用单行发酵法或单行复发酵法的话,发酵前的糖液浓度过高,酵母会被"齁死",反而不能大量繁殖了,这样酿出来的酒酒精浓度就没有那么高。只有一点一点地给酵母"加餐",让酵母不断增殖,产生的酒精也越来越多,最终才能达到20%的酒精浓度哟。

普通酒和特定名称酒

爱辛辣的人喜欢日本酒

日本人平时说的"日本酒",包括了合成酒和日本甜料酒。我们这里所说的日本酒是指日本清酒。所谓清酒,是指"必须使用大米酿造,并经过过滤的酒",可以分为"普通酒"和"特定名称酒"。通常清酒酿造必须使用米、米曲、水,普通酒的精米度在70%以上。所谓的精米度,反映的是从粳米中去除的表皮的比例。比如,精米度70%的话,精白率就是30%。也就是说,把粳米的表面削掉30%。除此之外还有8种特定名称酒。

本酿造酒	精米度 70% 以下	添加酿造酒精
特别本酿造酒	精米度 60% 以下 / 特殊酿造方法	添加酿造酒精
纯米酒	精米度 60% 以下 / 特殊酿造方法	不添加酿造酒精
特别纯米酒	精米度 60% 以下 / 特殊酿造方法	不添加酿造酒精
吟酿酒	精米度 60% 以下	添加酿造酒精
纯米吟酿酒	精米度 60% 以下	不添加酿造酒精
大吟酿酒	精米度 50% 以下	添加酿造酒精
纯米大吟酿酒	精米度 50% 以下	不添加酿造酒精

05

做味噌酱和酱油要用到米曲霉？

——米曲霉可以分解蛋白质，产生鲜味呢。

曲霉的日本名称是 Koji-kabi，在日本菌学会中，该词指的是曲霉属（*Aspergillus*）的所有霉菌。曲霉属中，有些可以用来制作酒曲，有的却会产生霉菌毒素，制作酒曲等使用的是米曲霉（*Aspergillus oryzae*）和泡盛曲霉（*Aspergillus awamori*，现在改名为 *Aspergillus luchuensis*）等不产生霉菌毒素的种类。为了与有毒的霉菌区分开来，日语中把制作酒曲时使用的霉菌称为麴菌[1]。

曲霉的用途很广泛。制作日本传统的调味料——味噌酱和酱油的时候也会用到。酿造味噌酱和酱油时使用的麴菌，与制作日本酒时用到的有些许不同，它们分解蛋白质的能力略有差异。

制作味噌时要制作曲，大米味噌酱用的是米曲，大麦味噌酱用的是大麦和裸大麦的麦曲，黄豆味噌酱用的是黄豆曲。制作大米味噌酱和大麦味噌酱也需要用到煮熟的黄豆。制作时要将黄豆捣碎，加入食盐，让它们在固体状态下发酵。

再来说我们做饭时离不开的酱油。酱油的原料是黄豆和小麦。先蒸煮黄豆，炒制小麦，然后把它们混在一起，加入麴菌，制作酱油曲。之后往酱油曲里加入食盐水，使其发酵，然后挤压过滤出来的就是生酱油。

味噌酱和酱油在发酵过程中，都是由麴菌生成的蛋白质水

---

[1]此处语境下的麴菌，在我国无严格对应的概念，故译文沿用日文提法，只是将"麴"字写作麹。——编者注

解酶（肽酶）来分解黄豆中的蛋白质，最后将蛋白质分解成小小的肽和氨基酸。这些**氨基酸和肽就是鲜味的来源**。氨基酸中的谷氨酸因其鲜味名声在外，其实，20种氨基酸各有自己独特的味道，它们的不同占比与调味料的味道有着密切的关系。所以，能生成大量蛋白质水解酶的麹菌非常适合用来制作味噌酱和酱油。此外，与酿造日本清酒时用的麹菌一样，它同样会生成淀粉酶、分解淀粉，为酵母和乳酸菌等各种微生物的繁殖创造条件。这些微生物产生的乳酸、有机酸、酒精和香气成分等，直接影响着味噌和酱油的味道和香味呢！

米曲霉是日本的"国菌"

按原料分类，可将味噌酱分为：八丁的黄豆味噌；九州、濑户内的大麦味噌；信州、仙台、会津、江户等的粳米味噌。按颜色的话，有赤味噌、浅色味噌、白味噌。市面上80%的味噌酱是粳米味噌。
酱油也有很强的地方特色。关西等西日本地区是淡口酱油，九州和北陆等地是甜口酱油。从北海道到冲绳，日本全国范围内比较普遍的是浓口酱油。制作味噌和酱油时用的米曲霉，在2006年的日本酿造学会大会上被指定为日本的"国菌"。

米曲霉君

按原料分类的味噌酱

大麦味噌	粳米味噌	黄豆味噌	混合味噌
将黄豆、大麦和裸大麦发酵后熟化	将黄豆和粳米发酵后熟化	将黄豆发酵后熟化	不同种类的味噌混合而成

按味道和颜色分类的味噌酱

浅色味噌	赤味噌	白味噌

06

醋酸发酵形成了醋？

——酒精发酵形成的酒，在醋酸菌的作用下就变成了醋！

你知道醋的原料是什么吗？

是酒精。没想到吧？不管是谷物醋、米醋还是苹果醋，都是先将原料发酵成酒，然后加入醋酸菌，酿造成醋。谷物醋和米醋都要用到曲，通过米曲霉生成的淀粉酶将谷物和米中储存的淀粉分解成葡萄糖，或是用麦芽糖酶将淀粉分解成麦芽糖和葡萄糖。此外，有时也会提取糖化酶来使用。

酵母吃掉葡萄糖和麦芽糖，进行酒精发酵。然后将种醋，也就是醋酸菌加进过滤后的酒精发酵液。种醋可以使用人工培养的，也可以使用之前酿醋时留下的质量较好的母水。酿造食醋时使用的醋酸菌主要是醋酸杆菌（*Acetobacter aceti*）和巴氏醋酸菌（*Acetobacter pasteurianus*）。

再说说苹果醋这类果醋。先从果实中榨出果汁，然后加入酵母，发酵酒精制成果酒，最后加入醋酸菌进行醋酸发酵，就变成了果醋。比如葡萄醋（葡萄酒醋），就是用葡萄酒进行醋酸发酵，所以和葡萄酒一样，葡萄醋也有红色和白色两种。

有一种古老的制醋方法，是从中国传到日本的。制作过程是这样的：把蒸熟的米、曲和水放进坛子里发酵。这里用到的曲是干燥的，把它撒在液体表面，盖上盖子，把坛子放到日照充足的地方。接下来，米曲霉便开始在液体表面繁殖，不断增加，慢慢覆盖液面。增殖的米曲霉产生的酶会促进米的糖化，在酵母的帮助下，产生酒精，最后加入醋酸菌发挥作用，坛中的液体就变成了醋酸。如果多次使用同一个坛子的话，酵母和醋酸菌会在坛子里安家,之后就不需要特意再加酵母和醋酸菌了。在这个古老的方法中,糖化、酒精发酵和醋酸发酵是在一个容器中同时进行的。

酿造醋时有一种有害的微生物,它就是木醋杆菌(*Acetobacter xylinum*),醋酸菌的同类。这种菌也会产生醋酸,但因为它会分泌生成很厚的纤维素膜,不仅会降低醋酸的生成速度,还会分解好不容易形成的醋酸。木醋杆菌分泌生成的纤维素膜即高纤椰果(Nata de coco),这种纤维素要比植物来源的纤维素细得多,所以可以制作薄且结实的纤维素薄膜,被称为细菌纤维素,目前,科学家们正在不断挖掘它的应用价值。

各种各样的醋

醋也有很多种,在日本常见的有谷物醋、寿司醋、米醋、黑醋,等等。醋有很悠久的历史。据说公元前 5000 年左右,在美索不达米亚的巴比伦尼亚地区曾用椰枣和葡萄干制醋。日本第 15 代应神天皇(公元 270—310 年)时代的和泉国(现在的大阪府堺市一带),就开始制醋了。酿造方法据说是与酿酒方法一起从中国传来的。

加入药草的醋
图片来源:Libby A.Baker

坛醋
将原料放入坛中,用太阳的热能促进发酵。糖化、酒精发酵和醋酸发酵同时在一个坛子中进行,用这种方法酿造出来的就是黑醋。
图片来源:坂元酿造株式会社

醋酸菌
图片来源:丘比株式会社

各种各样的西洋醋

生产巴萨米克醋时要用到 5 种不同尺寸的木桶,以应对水分蒸发。

从左到右依次是巴萨米克醋、红葡萄酒醋、白葡萄酒醋。除此之外,还有雪莉酒醋、香槟醋、覆盆子醋、龙蒿醋等。
图片来源:Riner Zenz

07

奶酪是乳酸发酵的产物吗？

——乳酸使牛奶成分沉淀，进而凝固成奶酪。

奶酪的起源我们还不太清楚，但人们普遍认为，早在公元前 8500 年左右，在地中海、黑海和里海之间的地区，就开始了山羊和绵羊的养殖，牛的养殖则开始于公元前 7000 年左右。公元前 6500 年左右，为了增加产奶量，人们对家畜品种进行了改良。在同一时期，瓶子、坛子等陶器的制造也得到发展，我们有理由推测，当时的人们已具备了保存多余的奶的条件。

同一时期，奶酪也出现了。产生乳酸的细菌在牛奶内繁殖，进行乳酸发酵，酸使牛奶的蛋白质沉淀凝固，这大概就是奶酪的起源了。当时的奶酪大概相当于现在的酸牛奶，或者是把酸牛奶过滤后得到的白奶酪，或是软质干酪之类的东西吧。

当时的成年放牧人，因为不能消化牛羊奶中含有的乳糖，肠内细菌发酵异常，引起了腹泻和腹痛，也就是乳糖不耐受。但是，经乳酸发酵后的古代的奶酪中，乳糖被细菌分解利用了，变成了透明的液体浮在奶酪表面。人们发现吃奶酪居然不会腹痛，这太神奇了！因此，在公元前 6000 年以前，奶酪制造就已风靡地中海东岸到美索不达米亚平原地区了。

现在的奶酪，大多是先用乳酸菌等将奶酸化，然后使用在酸性条件下工作的凝乳酶制成。鲜奶中含有大量的蛋白质营养成分，凝乳酶会分解蛋白质中的 K- 酪蛋白，而 K- 酪蛋白可以维持牛奶中蛋白质的稳定性，分解了 K- 酪蛋白，牛奶中的蛋白质就开始沉淀。凝乳酶是从刚出生几个月还只喝奶的牛犊和羔羊的胃内膜中提取出来的。虽然我们不太清楚为什么会使用这种酶,这也许和自古以来,祭祀时会用到喝母乳的羔羊这一传统有关。

我们不妨设想,也许祭祀时人们发现羔羊胃里的奶是凝固的,就把这个凝固的奶添加到了新鲜的奶中,或者把羊肚浸泡到了奶中,先是自然界中的细菌发挥作用,把乳汁变成了酸性的,接着在凝乳酶的作用下,形成了奶酪。

现代使用的凝乳酶是从牛的第 4 个胃中提取出来的。但是,1960 年代以后,随着世界范围内奶酪需求量的增加,凝乳酶开始短缺。于是,人们开始不断探索来自微生物的凝乳酶,终于,**日本学者发现微小根毛霉(*Rhizomucor pusillus*)可以产生凝乳酶。现在,世界范围内都在使用这种微生物凝乳酶。**另外,通过基因重组的方式,人们研发出了原本只存在于牛犊体内的凝乳酶,目前也已推广到了全世界。

在罗马卡萨纳特图书馆收藏的《健康全书》(*Tacuinum Sanitatis*)的插图中,可以看到 14 世纪制作奶酪的景象。该书是 11 世纪的一个阿拉伯人——基督教徒伊布·布特兰(Ibn Butlân)医生所著的《养生训》的抄本。看来当时阿拉伯的科学水平领先于欧洲呢。

天然奶酪的种类

①新鲜奶酪	质地柔软、非熟成	奶油奶酪、茅屋奶酪等 12 种左右
②白霜奶酪	质地柔软、白色霉菌熟成	卡芒贝尔奶酪、布里干酪等 3 种
③洗浸软质奶酪	质地柔软、细菌熟成	艾博歇丝奶酪、利瓦罗奶酪、莎姆斯奶酪等 6 种左右
④山羊奶酪	霉菌和细菌熟成	图莱讷地区的圣莫尔奶酪、瓦朗赛干酪等 3 种左右
⑤蓝纹奶酪	青霉菌缓慢熟成	斯提尔顿奶酪、戈贡佐拉奶酪、罗克福奶酪等 4 种左右
⑥半硬质奶酪	细菌熟成	切达奶酪、荷兰高达奶酪、普罗沃奶酪等 6 种左右
⑦硬质奶酪	细菌熟成	罗马诺奶酪、帕尔玛奶酪等 10 种左右

08

为什么乳酸菌会使牛奶变酸？

——乳酸菌在牛奶中不断繁殖，产生了乳酸。

酸奶和奶酪几乎是在同一时期出现的。因为两者都是在乳酸菌的作用下产生的，所以人们最初并没有把它们区别开来。最初也许就是偶然的机会，乳酸菌进入瓶罐，在奶中不断繁殖，产生乳酸，奶中的蛋白质遇酸发生凝固。也正因为变成了酸性环境，其他的腐败细菌无法繁殖，保存期就变长了。

酸奶随着畜牧业一起，很快传到了印度、尼泊尔、蒙古、中亚、中东、土耳其、希腊、保加利亚、俄罗斯、北欧等地。公元前 2000 年前后的苏美尔神话中就已经有了关于酸奶的记载。

在日本，从奈良时代开始，就有被称为"酪"的酸奶，平安时代的《倭名类聚抄》中就出现了这个词。

在欧美，根据联合国粮农组织（FAO）和世界卫生组织（WHO）规定的国际食品标准，只有用乳酸杆菌中的保加利亚乳杆菌（*Lactobacillus bulgaricus*，现在称 *Lactobacillus delbrueckii subsp.bulgaricus*）和乳酸链球菌中的嗜热链球菌（*Streptococcus thermophilus*）这两种菌发酵而成的，才称为酸奶，由其他种类的乳酸杆菌和嗜热链球菌发酵而成的都是代用酸奶。

在传统的欧洲酸奶中使用的保加利亚乳杆菌和嗜热链球菌是共生关系。嗜热链球菌先产生甲酸，保加利亚乳杆菌则利用甲酸进行繁殖，之后产生蛋白质水解酶，分解奶中的蛋白质，形成氨基酸和肽，而嗜热链球菌会利用这些成分进行繁殖。所以说它们是双赢的关系。

此外,在保加利亚部分地区还有一种传统的做法,就是把一种叫欧洲山茱萸的野生植物的汁液加入奶中制作酸奶。有研究表明,从欧洲山茱萸等保加利亚野生植物中分离出来的保加利亚乳杆菌和嗜热链球菌和市面上销售的制酸奶菌没有区别。看来来自大自然的细菌,从很久以前就参与到酸奶的制作中了。

俄罗斯的诺贝尔奖得主梅奇尼科夫曾访问保加利亚,并提出了保加利亚人长寿是因为喝酸奶的理论,随后酸奶在欧洲开始备受欢迎。现在,我们知道酸奶中含有益生菌,可以帮助调节肠胃、改善肠内环境。如今的酸奶更是得到了全世界人的喜爱。

制作酸奶用到的两种乳酸菌

根据联合国粮农组织(FAO)和世界卫生组织(WHO)规定的国际食品标准,只有这两种乳酸菌被认定为酸奶生成菌。

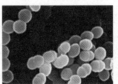
嗜热链球菌

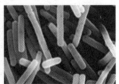
保加利亚乳杆菌

乳杆菌属

古代人发现酸奶!

公元前5000年 → 公元前2000年

偶然发现家畜的奶变成了酸奶

对健康有益的酸奶走向了全世界

09

什么，巧克力也是发酵食品？

——经过发酵的可可豆最终变成了巧克力哟！

巧克力不仅是嗜好品，近年来作为健康食品也备受关注。巧克力是由可可树的种子可可豆制成的。可可树的原产地是中南美洲。至少在公元前 2000 年左右，从墨西哥到中美洲西北部一带，人们就已经发现了可可豆的药用价值或作为嗜好品的潜质了。

15 ~ 16 世纪，西班牙人入侵美洲，把可可豆的食用方法带回了欧洲。当时的巧克力是一种饮料，在上流阶层中很流行。到了 19 世纪，人们对加工方法进行了各种各样的改良，做出了香甜的固体巧克力、牛奶巧克力等，随后这些食物普及开来。后来，在非洲、东南亚等西方列强的殖民地，也开始种植可可树，可可豆的生产日益兴旺。

那么可可果是怎么变成我们喜爱的巧克力的呢？

收获可可果后，要先打开它坚硬的外壳，里面是含有水分的像白棉花一样的果肉，果肉里包裹着的就是可可豆。把可可豆连同果肉一同取出，包在芭蕉叶里，放入箱子里进行发酵。附着在可可果上的微生物开始工作，发酵开始了。

可可果的果肉含有糖和酸，味道酸甜。因为果肉潮湿有黏性，把它们堆在一起，空气很难进入内部，又因为它们是酸性的，酵母就开始在这样的条件下繁殖发酵，产生酒精。

慢慢地，果肉被分解，空气进入，乳酸菌开始繁殖，生成大量的乳酸。这时搅拌豆子，让豆子都接触到氧气，好氧的醋酸菌就开始繁殖了。发酵过程中，温度最高可达 50℃。在醋酸菌的作用下，酒精会转化成醋酸。因为高温和醋酸的渗入，可可豆是不会发芽的。

温度逐渐下降后，会产生各种好氧的细菌和霉菌。在气温较高的地区进行发酵，仅需 3 ~ 5 天。之后，为了不让可可豆继续发酵，要使之干燥。在干透之前，在附着在可可豆表面的细菌的作用下，会产生低分子脂肪酸等各种带有香气的成分。可可豆完全干燥后就可以出厂了。

在发酵过程中，可可豆内部也会产生酶促反应。比如，苦涩的丹宁开始氧化，可可豆中的蛋白质被分解为氨基酸等。氨基酸是烘焙可可豆时香味的来源。发酵好的可可豆会被运到巧克力工厂进行烘焙，这个过程对巧克力的口味、香味至关重要。可可豆中的氨基酸和糖发生美拉德反应，可可豆逐渐变成深褐色，释放出特殊的香味。将烘焙过的可可豆粉碎，去除外壳，磨碎后就是可可粉了。在可可粉中加入其他的材料，就可以制作巧克力啦。

参与发酵的微生物，根据产地及进行发酵的农家、工厂等的不同而不同。因此，可可豆的产地不一样，香味和酸味也各具特色。我们通过调整这些味道的比例，就可以制出口味独特的巧克力，提供给人们。

可可树和可可果

可可果中的可可豆

侵略了美洲新大陆的西班牙征服者

埃尔南·科尔特斯（1485—1547）

1492 年哥伦布发现新大陆之后，15 ～ 17 世纪，当时欧洲最强大的国家—— 西班牙的探险家们陆续来到新大陆，他们以征服者的面貌在历史上留下了自己的名字。1521 年征服了阿兹特克帝国（现墨西哥）的科尔特斯、1532 年征服了印加帝国的弗朗西斯科·皮萨罗，都是征服者的代表。

其实哥伦布在第四次航海（1502 年）时，在现在的洪都拉斯附近就获得了可可果，并将它带回了西班牙，但据说当时并不知道怎么吃。后来，科尔特斯在阿兹特克了解到了可可豆的食用方法，他加了砂糖和香辛料做成了可可饮料（巧克力），受到了西班牙上流社会的喜爱。

可可豆的产量排名

可可果的原产地是中美洲文明繁荣的阿兹特克、玛雅、特奥蒂华坎等地，据说人们从公元前 1900 年左右就开始食用可可豆了。

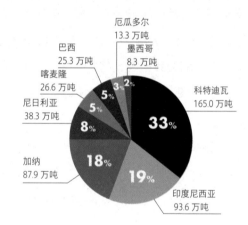

厄瓜多尔 13.3 万吨
墨西哥 8.3 万吨
巴西 25.3 万吨
喀麦隆 26.6 万吨
尼日利亚 38.3 万吨
科特迪瓦 165.0 万吨 33%
19%
印度尼西亚 93.6 万吨
加纳 87.9 万吨 18%
8%
5%
5%
3% 2%

巧克力的制作工序

资料来源：日本巧克力工业协同组合

原料 可可豆 ▶ 挑选 清理 ▶ 焙炒 烘烤 ▶ 分离 分离壳 ▶ 配比 搅拌机 ▶ 磨碎 研磨机 ▶ 混合 混合器 ▶ 精磨 超微粒磨碎机 ▶

▶ 精炼 巧克力精炼机 ▶ 调温 调温机 ▶ 填充 成型机 ▶ 冷却 冷却管道 ▶ 脱模 脱模机 ▶ 检查/包装 包装机 ▶ 熟成 恒温仓库 ▶ 完成

10

鲣鱼干的制成也是托了微生物的福？

—— 霉菌可以抑制鱼干中的有害菌、去除水分、分解脂肪。

在日本，人们自古以来就食用鲣鱼。从日本青森县八户市出土的绳文时代初期的贝丘中也发现了鲣鱼骨。藤原京遗址出土的木简上，可以看到进贡的"生坚鱼"字样，可见当时宫廷里也是吃鲣鱼的。

718 年颁布的《养老律令》中，租庸调[1]的调中就有"坚鱼、煮坚鱼、坚鱼煎汁"的记载；平安时代的《延喜式》[2]（927 年）中则有 10 个国家进贡鲣鱼的记录。煮鲣鱼是将鲣鱼煮后晒干，可以认为是比现在的"生节"[3]更干燥的东西。据说，鲣鱼干的制法在江户前期就确定下来了。具体的传统制法请参看后面的图表。

现在很多的鲣鱼干工厂，并不是使用箱子和仓库里自然生长的霉菌，而是从鲣鱼干中分离出霉菌来培养菌种。在控温控湿的房间里培养特定的霉菌，以保证鲣鱼干品质稳定。日本农林标准（JAS）把第二次刷霉菌之后的鲣鱼干半成品称为"枯节"，刷三次霉菌以上的称为"本枯节"。

你知道吗，本枯节是发酵食品，未刷霉菌的"生节"（若节）和"荒节"还不是发酵食品。

据报道显示，在制作鲣鱼干的传统工序中，要使用 20 种左右的霉菌，比如灰绿曲霉（*Aspergillus glaucus = Eurotium*

---

[1]租庸调制，中国和日本古代施行的赋税制度。——译者注
[2]《延喜式》，日本平安时代中期实施的法律细则。——译者注
[3]生节，制作鲣鱼干时，煮 1 次后烘干的半成品。——译者注

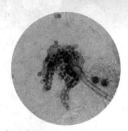

灰绿曲霉
图片来源：Chaetomium queen

在酵母提取物琼脂平板上培养的葡匐曲霉

在酵母提取物蔗糖琼脂平板上培养的葡匐曲霉

herbariorum）、葡匐曲霉（*Aspergillus repens = Aspergillus pseudoglaucus*）等，这些是制作鲣鱼干的主要霉菌。

使用人工培养的霉菌制作鲣鱼干，一般会选用灰绿曲霉。这种霉菌有抑制其他有害菌侵入、通过繁殖去除鲣鱼含有的水分、分解脂肪的作用。我们都知道，鲣鱼干含水量极少（15% 以下），异常坚硬，用鲣鱼干熬的高汤也不会浮出油来，这可都是霉菌的功劳。

传统鲣鱼干制作工序

①选择油脂不太多的鲣鱼。

②将头去掉，剖成 3 片，再切开腹部和背部，1 条鲣鱼可以做成 4 根鲣鱼干。

③将切好的鲣鱼段放入 70 ～ 95℃的热水中煮 1 小时左右，放凉，或者在水中冷却，去除鱼骨。

④将去除鱼骨后的鱼肉整齐地摆放在篮子里，在熏蒸室烘烤，去除表面水分。

⑤剔骨等过程中损坏的部分用鲣鱼泥修补。修补完的鲣鱼肉，每天在 85℃下焙干（熏干）1 小时，烘烤时要用青冈栎、枹栎、麻栎、冷杉、樱花树等制成的木柴。如此重复 5 次，之后在较低的温度下继续反复熏干。

⑥经过 7 ～ 8 次低温熏干的鲣鱼干叫"荒节"，比这个次数少的叫"若节"，多的则叫"鬼节"。

⑦熏的次数越多，鲣鱼干表面越黑，黏附的焦油越多，表面越粗糙。

⑧将"荒节"和"鬼节"装进箱子里放置 2 ～ 3 天，多余的水分和脂肪会渗出表面，当表面稍微变软时，把表面的焦油削掉。

⑨将其晒干后放入木箱，在仓库储藏 1 ～ 2 周后，表面就会长满绿色的霉菌，这是第一次上霉菌。

⑩取出发霉的鱼节，露天晾晒 2 天。用刷子刷去表面霉菌，继续放入有霉菌的容器里，盖上盖子，放置 2 周左右。这一次鲣鱼干表面会变成鼠皮色。第二次上霉菌后做成的是"枯节"。这样重复操作，直到上够 6 次霉菌。

鲣鱼干（本枯节）就做好啦！

天然食品的鲜味成分含量（单位: mg/100g）

不同食品的鲜味成分不一样哟！而且，像肌苷酸和鸟苷酸，人们只要多花一点工夫，风味就会加倍！像小鱼干、鲣鱼干、干香菇，都是人们利用阳光制作出来的美味。

天然食品的鲜味成分如此不同！

谷氨酸［氨基酸类］
L- 谷氨酸

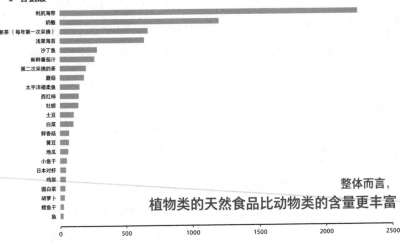

| 利尻海带 |
| 奶酪 |
| 新茶（每年第一次采摘） |
| 浅草海苔 |
| 沙丁鱼 |
| 新鲜番茄汁 |
| 第二次采摘的茶 |
| 蘑菇 |
| 太平洋褴柔鱼 |
| 西红柿 |
| 牡蛎 |
| 土豆 |
| 白菜 |
| 鲜香菇 |
| 黄豆 |
| 地瓜 |
| 小鱼干 |
| 日本对虾 |
| 鸡架 |
| 圆白菜 |
| 胡萝卜 |
| 鲣鱼干 |
| 鱼 |

0　500　1000　1500　2000　2500

整体而言，
植物类的天然食品比动物类的含量更丰富

肌苷酸［核酸类］
5' – 肌苷酸

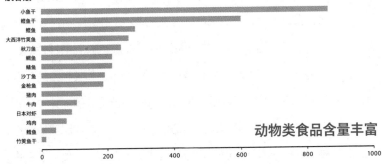

| 小鱼干 |
| 鲣鱼干 |
| 鲣鱼 |
| 大西洋竹荚鱼 |
| 秋刀鱼 |
| 鲷鱼 |
| 鲭鱼 |
| 沙丁鱼 |
| 金枪鱼 |
| 猪肉 |
| 牛肉 |
| 日本对虾 |
| 鸡肉 |
| 鳕鱼 |
| 竹荚鱼干 |

0　200　400　600　800　1000

动物类食品含量丰富

鸟苷酸［核酸类］
5' – 鸟苷酸

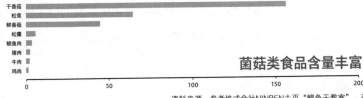

| 干香菇 |
| 松茸 |
| 鲜香菇 |
| 松露 |
| 鲣鱼肉 |
| 猪肉 |
| 牛肉 |
| 鸡肉 |

0　50　100　150　200

菌菇类食品含量丰富

资料来源：参考株式会社NINBEN主页"鲣鱼干教室"，有所修改

71

11

为什么世界上有这么多发酵食品？

——发酵食品易于保存、别具风味，深受各国人民的喜爱。

全世界有各种各样的发酵食品：奶酪、酸奶等乳制品；鱼酱、鲣鱼干、臭鱼干、发酵鱼寿司等以鱼为原料的食物；生火腿、金华火腿、萨拉米香肠等以肉为原料的食物；味噌、酱油、纳豆、天贝等以大豆为原料的调料或食物；辣白菜、米糠酱菜、德国酸菜等腌渍类和泡菜类食物；葡萄酒、啤酒、日本清酒等酒精类饮料……各个国家和地区都有自己的发酵食品。

你知道为什么世界上有这么多发酵食品吗？

在人们发明冰箱之前，保存食物的方法主要是盐渍、糖渍、干燥等，当然，发酵也是一种重要的食品保存方法。

人们把食物放进容器里保存，或是进行干燥。随着时间的推移，食品上开始长出酵母、乳酸菌、霉菌等，发酵就开始了。

第一个吃变质食品的人，应该需要很大的勇气吧！不过，食物在微生物的作用下发生变质过程中，只要对人体无害的微生物占据了上风，我们就可以安全地食用。

比如说，在酵母进行的酒精发酵、乳酸菌进行的乳酸发酵、醋酸菌进行的醋酸发酵中，酒精有杀菌作用，乳酸和醋酸可以降低 pH 值，抑制容易导致食物腐败的细菌的繁殖。其中，有的微生物还会制造有抗菌作用的低分子化合物，抑制其他细菌繁殖。这样一来，即使食物的味道或样子发生了变化，人们也不会吃坏肚子，依然能够摄取食物中原本的营养。

有时经过发酵，还会生成原本食物中没有的维生素等营养成分。发酵过程中分解蛋白质形成的氨基酸，分解 DNA 或

世界各国的发酵食品不胜枚举。韩国的泡菜、中国的腐乳，还有加拿大的基维亚克（kiviak，俗称腌海雀），这是一种把侏儒海燕塞进海豹的肚子里，连同海豹一起埋在冻土里 2 ～ 3 年发酵而成的食物。厉害吧？

RNA 形成的核酸，微生物自身产生的脂肪酸等，都会带来新的味道、气味和口感。发酵带来的美味有时让我们欲罢不能。所以说，发酵既可以帮助我们保存食物，又增添了美味，当然在全世界大受欢迎啦！

世界各地发酵食品小介绍

鲱鱼罐头 / 瑞典
盐腌生鲱鱼罐头，被称为"世界上最臭的食物"。它有强烈的臭味。做法是将生鲱鱼用盐腌制发酵后直接装入罐中。鲱鱼在罐头中会继续发酵，罐头盒会慢慢膨胀。

维吉麦酱 / 澳大利亚
酿造啤酒时的副产品，原料是酵母提取物、盐、麦芽提取物。味咸，有类似酵母剂的臭味。一般是抹在面包上，与黄油、奶酪等一起吃。

德国酸菜 / 德国
德语为 Sauerkraut，原意是"酸圆白菜"，酸味是乳酸菌发酵产生的。可以搭配香肠等肉类，做成各式料理。德国各地的做法和吃法都不一样哟。

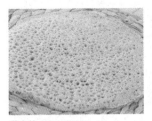

英吉拉 / 埃塞俄比亚
埃塞俄比亚的主食。将禾本科谷物苔麸的面粉用水调成糊状，发酵 3 天，在大铁板上薄薄地涂上一层，做成可丽饼状。有独特的酸味和甜味。

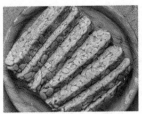

天贝 / 印度尼西亚
用天贝菌发酵黄豆等制成的发酵食品。有"印度尼西亚纳豆"之称。但它没有纳豆的黏性和臭味。味道清淡，没有怪味，容易入口。

臭豆腐 / 中国台湾
在中国台湾很流行，有粪臭味。在中国香港、中国南方地区也非常常见。在植物的发酵液和石灰水的混合物中加入纳豆菌、酪酸菌发酵，把豆腐浸泡在这种特制的发酵液体中即可制成。

鲱鱼罐头、德国酸菜、英吉拉、天贝、臭豆腐
图片来源：PIXTA / 维吉麦酱图片来源：stock.foto

12

为什么说发酵丰富了我们的餐桌？

——发酵改变食物性质，可以使食物变得更美味哟。

所谓发酵，是指微生物在食物中生长，改变食物性质，最终使食物变得更美味、更香、更软糯可口的情况。

发酵食品的历史非常悠久。我们已经发现，有些动物也喜欢吃发酵食品呢。在日本就有关于猿酒的传说。无独有偶，在夏季的非洲，马鲁拉树会结出黄色多汁的甜果。动物们非常喜欢这种果实，大象、长颈鹿、犀牛等动物都会吃。马鲁拉树结出的果实很多，果实掉落后，在自然界酵母的作用下，会发酵产生酒精。动物们吃了含有酒精成分的果实，可想而知，就变得醉醺醺的了。1974 年在美国上映的纪录片《可爱的动物》（*Animals Are Beautiful People*）中就有它们惹人喜爱的身姿。也就是说，动物们也非常喜欢吃发酵过的水果。当然，毋庸置疑，我们人类也一定是从很久以前就开始喜欢吃发酵食品了。人们认为，**最古老的发酵食品就是葡萄酒**。看来，自古以来，美酒就是可以让我们放松的好东西呀！

除了酒以外，奶酪的历史也很悠久。虽然不清楚发源地以及人们开始制作奶酪的具体时期，正如本章第 7 节中写到的，在地中海、黑海和里海之间，公元前 8500 年开始出现养殖山羊和绵羊，公元前 7000 年左右开始出现家养牛，公元前 6500 年左右，为了提高产奶量，人们对家畜进行了品种改良。所以我们认为，在那个时代，多余的奶在保存过程中很有可能偶然凝固成了奶酪般的乳制品，于是出现了最早的"奶酪"。

人们从波兰和克罗地亚等地的遗址中发现了公元前 5000

年人们制作奶酪的痕迹,是用山羊、绵羊、牛的乳汁制成的。所以人们推测,同为乳制品的酸奶,大概也是从那时开始出现的吧。

不管是葡萄酒,还是奶酪、酸奶,都是人们偶然间得到的。因为葡萄果皮上有天然酵母,保存在缸里的葡萄和葡萄果汁慢慢发酵,变成了葡萄酒。

以前人们认为,酸奶是因为用羊肚做的袋子保存了鲜奶,羊肚里残留的凝乳酶发挥了作用,使蛋白质沉淀而形成的。但现在推测是,因为微生物(乳酸菌)进到了存放鲜奶的罐子或瓶子里,微生物产生了酸,使蛋白质沉淀变成了酸奶。

发酵能改变食物的性质,为饮食生活增添色彩,使得原本单一的食材变得丰富多样。如今,发酵食品的保健功效也备受关注,发酵食品已经成了我们生活中不可或缺的美味!

通过发酵,食品种类增加了,味道也变得更丰富了呢!

马鲁拉树和果实
漆树科植物,分布在马达加斯加、非洲东北部的苏丹到撒哈拉沙漠南部的半干旱地带。每年 12 月到次年 3 月果实成熟,果皮黄色,果肉白色。成熟的果肉含有丰富的维生素 C,含量大约是橙子的 8 倍。果实的味道很独特,有些酸。不仅人类喜欢马鲁拉果,连长颈鹿、大象、犀牛这些动物也很喜欢马鲁拉树的树皮和果实呢!

双耳细颈椭圆土罐
古罗马称之为 "pithoi",是一种圆锥形的两侧有把手的无釉土罐,人们曾把这种土罐埋入土中以保存葡萄酒。罗马皇帝因为爱用铅制的杯子喝酒,导致了铅中毒,还出现了像尼禄那样举止怪异的人。

图片来源:古罗马图书馆

75

13

是谁发现了微生物的作用？

——名垂医史的巴斯德和科赫。

如第 1 章第 10 节所述，荷兰的安东尼·芬·列文虎克利用自己制造的显微镜首次观察到了微生物。尽管当时人们还不知道微生物怎么生存、具有什么样的作用，但列文虎克明确了各种各样的微生物的存在。

那么，又是谁发现微生物和发酵有关系呢？

他就是在列文虎克之后约 200 年出生的法国微生物学家、化学家路易斯·巴斯德。**巴斯德否定了当时热烈讨论的"自然发生说"，证实了在原本没有微生物的地方，是不可能自然长出微生物的。**与此同时，**巴斯德还发明了一种叫巴氏消毒法的低温杀菌方法。**当时，有当地的酿酒商找到他，咨询发酵不顺利、酒变酸的问题。于是巴斯德用显微镜进行观察，发现了比酵母还小的细菌，正是这些细菌导致了乳酸发酵。他将细菌放到其他的培养基中，依旧出现了乳酸发酵的现象。也就是说，**是巴斯德首次发现了发酵一定和微生物有关，发酵的产物因微生物的种类而异。**

巴斯德在医学上的贡献之大，在英国小说家克罗宁的小说《城堡》（1937 年出版）中也有描写。这是一部以医疗伦理争论为主题的小说，下面我引用的是中村能三的译本，是 1955 年新潮文库出版的。场景是，医生曼逊因被怀疑协助了无执照医生而被审讯。小说中曼逊主张，不一定只有医生才能救人，能否救人要根据个人的能力来决定。

"我来告诉你，医学科学中最伟大的人物路易斯·巴斯德不是医生。伟大程度仅次于巴斯德的梅奇尼科夫也不是医生。所有和病魔战斗的人，就算医生名册上没有他们的名字，也不一定就是坏人和笨蛋！"

当然，没有医师执照的人不能行医治病，这并不仅限于现在，过去也是如此。但巴斯德轻松超越这一限制，在医学史上留下了自己的名字。巴斯德是一名微生物学家、化学家，但这并不妨碍他作为"医学史上最伟大的人物"之一，被人们称颂至今。如今，受到新型冠状病毒威胁的人们，**为了防止疫情扩散而加紧研发的"疫苗"，其命名者就是巴斯德，他也是最先开始研究"免疫"的。**

关于微生物的基本研究方法，是由与巴斯德几乎同时代的罗伯特·科赫确立的。科赫发明了分离微生物所需的平板培养法和各种染色方法。他

路易·巴斯德（1822—1895）和他的签名

法国微生物学家、化学家。1822 年，他出生于法国东部的汝拉地区，是皮革工人的儿子。巴斯德曾在巴黎高等师范学校学习，专业是化学，1846 年取得博士学位，某位教授曾评价他很"普通"。1854 年，他就任法国里尔科技大学理学院院长，1857 年就任母校事务局局长兼理学院院长。这一时期，受造酒行业人士委托，他开始调查葡萄酒腐败的原因，这也成为巴斯德进行微生物研究的契机。1861 年，他撰写了《自然发生说的探讨》一文，否定了"自然发生说"。1887 年，他成立了巴斯德研究所。

他的贡献涉及很多方面：发现了分子光学异构体；研发了低温杀菌法以防止葡萄酒、啤酒和牛奶腐败；研发了疫苗的预防接种法；发明了狂犬病疫苗和鸡霍乱疫苗。他是"疫苗"这一名词的命名者。因他对人类的伟大贡献，他去世时按国葬的标准举行了葬礼。

罗伯特·科赫（1843—1910）和他的签名

德国医生、细菌学家。科赫是矿工的儿子，在德国下萨克森州的哥廷根大学学习。1876 年，他通过培养出炭疽菌，证明了炭疽病的病原体是炭疽菌。他提出"科赫四法则"，也称"科赫三法则"，具体是：①特定的细菌引起特定的疾病；②患该病的时候就是该细菌存在的时候；③细菌可在生物体外人工培养，若用细菌感染某种动物，则会引起同样的疾病；④从病灶处可分离出相同的细菌。1891 年，他成立了科赫研究所。

科赫留下了很多丰功伟绩。比如他证明了炭疽病的病原体是炭疽菌，发现了结核杆菌并证明它就是病原菌，发现了霍乱弧菌等。1905 年，科赫获得诺贝尔生理学或医学奖。发现了鼠疫杆菌、研发了破伤风治疗法的北里柴三郎，曾在科赫研究所从事研究。

还从患了炭疽病的动物身上提取出细菌，用杀过菌的动物血液进行培养，发现血液中又长出了同一种细菌。反复培养这种细菌并注入动物体内后，动物会患同样的炭疽病，血液中会出现同样的细菌，从而证明了这种细菌就是炭疽病菌。基于这样的思路，科赫提出，特定的传染病是由特定的病原菌引起的。

在那之后，科赫又发现了结核杆菌、霍乱弧菌等，奠定了传染病研究的基础，1905 年，科赫获得了诺贝尔生理学或医学奖。今天我们依然在用的微生物学研究方法，都是像科赫这样的科学家打下的基础。正因为站在前人的肩膀上，我们才得以开展今天的微生物研究。

当然，科赫也是"医学史上最伟大的人物"之一。瑞士医史学家西格里斯特（1891—1957）曾说过一段话，日本的医生兼医史学家梶田昭在其著作《医学的历史》（讲谈社学术文库 2003 年）中做了记载：

"巴斯德和科赫以及他们的弟子让我们减少了对传染性疾病的恐惧。传染病的病因不再是看不见的敌人，我们能慢慢看清它的真面目了。了解了敌人我们便不再那么害怕它。这是勃艮第皮革工人的儿子和德国北部矿工的儿子带给全人类的无限智慧。"

是的，巴斯德是皮革工人的儿子，而科赫是矿工的儿子。

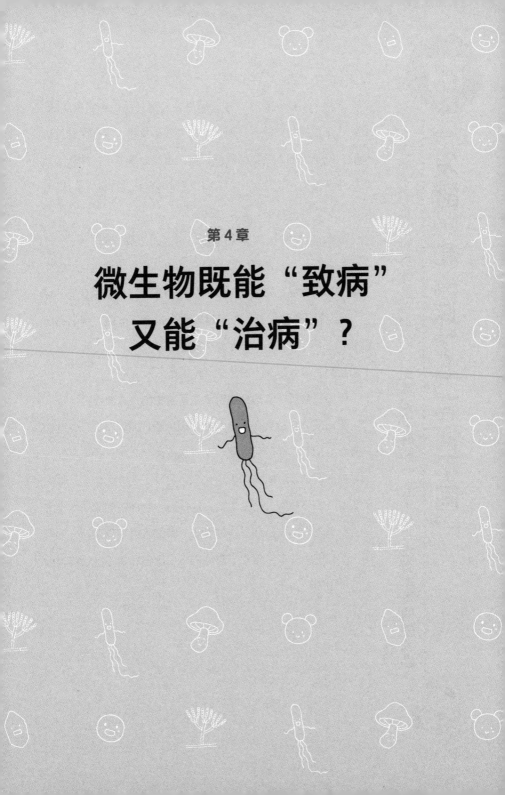

第 4 章

微生物既能"致病"
又能"治病"?

"发酵"和"坏了"有何不同？

—— 坏了的食物对身体是有害的，但其实发酵和"坏了"并没有本质的差异哟。

酸奶、奶酪、味噌、酱油等都是发酵食品，它们很美味，有的也是很棒的调味料。但是，同为发酵食品，也有像纳豆这样的，吃不惯的人会觉得味道很臭，再比如臭鱼干、瑞典等地吃的鲱鱼罐头，其臭味简直难以用语言形容。也许有人会认为，这些发臭的发酵食品，不就是坏了吗？

那么，"发酵"和"坏了"的差别到底在哪里呢？

两者有一个共同点，那就是食品中都滋生了微生物。滋生了微生物的食品，如果吃下去对身体有害，我们就说食品"坏了"。就算对身体无害，但闻起来让人觉得不舒服，我们有时也会说"坏了"。所以，其实"发酵"和"坏了"之间并没有本质差别，只是因为人的感觉不同罢了。

蛋白质含量丰富的食物若滋生了微生物，味道会更强烈。

蛋白质分解后会变成氨基酸。微生物代谢氨基酸，氨基酸自身含有的氨基会转化成氨。而含硫的半胱氨酸这种氨基酸被代谢掉的时候，有时会产生硫化氢。另外，还有大量生产低级脂肪酸（小脂肪酸）的微生物，这些微生物制造的脂肪酸也很臭，有很多发酵食品都有这种臭味。有的人很不喜欢这样的臭味，而有的人却非常喜欢，对他们来说这些独特的味道具有极大的吸引力。

80

食物滋生了"坏家伙"会怎么样?

	潜伏期	易滋生食品	症状
金黄色葡萄球菌	1 ~ 5 小时	饭团、寿司、生鱼片等	恶心、呕吐、胃痛、腹泻等。一般在 12 小时内能痊愈,但免疫力低下的老年人感染后可能会有死亡的风险
肉毒杆菌	潜伏期长,8 ~ 36 小时	发酵食品、真空包装食品、香肠、寿司饭等	麻痹、看东西重影、发音障碍(不能清楚地发音)、呼吸困难等。依靠现在的治疗技术,死亡率已降低至 10% 以下
副溶血性弧菌	12 ~ 24 小时,夏季多发	未加热的鱼贝类如生鱼片等	腹痛、腹泻、呕吐等。死亡率低
沙门菌属	24 小时~ 2 天	生肉、鸡蛋、沙拉等	发烧、腹痛、腹泻、呕吐等。死亡率为 0.1% ~ 0.2%
弯曲杆菌属	2 ~ 11 天	未充分加热的鸡肉、猪肉、牛肉、鸡蛋、鲜奶、牛肉刺身、肝脏刺身等	头痛、腹痛、腹泻、呕吐等。发病后 2 周内可能会出现伴有运动麻痹和呼吸麻痹的末梢神经障碍并发症。死亡率低
致病性大肠杆菌 O157 等肠出血性大肠杆菌	3 ~ 8 天	没有特定食品,生牛肉中较多	腹痛、水样性腹泻、便血、感冒症状等。死亡率为 1% ~ 5%
李斯特菌属	1 ~ 30 天	乳制品、肉类料理、沙拉等	发烧、倦怠感、头痛、肌肉痛、关节痛等。有报告显示死亡率为 10%
产气荚膜梭菌	8 ~ 24 小时	肉类料理等	腹部不适、腹泻等。偶有死亡病例
蜡样芽孢杆菌	30 分钟~ 6 小时	未充分加热的鸡肉、猪肉、牛肉、鸡蛋、鲜奶、牛肉刺身、肝脏刺身等	头痛、腹痛、腹泻、呕吐等。偶有急性肝衰竭等死亡病例
诺如病毒 诺如病毒是属名,诺沃克病毒是诺如病毒属的一种病毒	24 小时~ 2 天	污染的贝壳类食物和未充分加热的食品。接触感染者的粪便和吐泻物、飞沫等也会感染	胃痛、恶心、呕吐、腹泻等。偶有死亡病例

如今仍在传播的『大流行病』是什么？

——比鼠疫还危险的是披着感冒外衣的『流感』。

人类历史上，造成死亡人数最多的细菌感染疾病就是鼠疫了。但你知道吗？流行性感冒（简称流感）的威力绝不亚于鼠疫，而且人们预测，今后死于流感的人数仍会持续增加！

流感的症状与普通感冒非常相似，但与普通感冒不同的是，流感会迅速出现高热、头痛、关节痛、肌肉痛、全身倦怠等症状。每年冬天都是流感流行的季节，据美国疾病控制与预防中心（CDC）统计的数据，全球每年因季节性流感死亡的人数达到了 29 万～65 万！除流感之外，还有像今年的新冠肺炎这种在世界范围扩散的传染病，人们称之为"pandemic"（大流行病）。

说到大流行病，人们熟知的有 1918 年的西班牙流感，死亡人数达 5000 万—1 亿；1957 年的亚洲流感，死亡人数达 200 万以上；1968 年的香港流感，有 100 万人死亡；2009 年的新型流感有 2 万人死亡。

此外，在 2019—2020 年的美国，流感以惊人的速度传播。美国疾病控制与预防中心推测，在这期间有 2200 万～3100 万人感染了流感，死亡人数或达 1.2 万～3 万。

流感是由病毒引起的传染病。流感病毒分为甲型、乙型和丙型。

人们已经知道，甲型流感病毒有很多亚型。2009 年流行的 H1N1 型流感，也被称为猪流感。人们发现，甲型流感病毒表面的蛋白质型，H 有 16 种，N 有 9 种，排列组合则存在着 144（16×9）种亚型。更麻烦的是，病毒的基因变化速度很快，即使是同一个亚型，也可能有细微的差异，而人们研发的疫苗可能对部分变异病毒无效。不过，全世界每年度流行的流感病毒，其毒株几乎是一样的。

甲型流感病毒还会感染猪、禽类等动物。它感染范围广、传播速度快，需要我们采取积极的措施来应对。

至于乙型和丙型流感病毒，因为种类较少，所以没有做亚型分类。而且，因为会感染乙型和丙型流感病毒的动物种类较少，所以很难大范围传播。

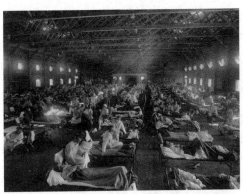

感染西班牙流感正在接受治疗的美国堪萨斯州陆军基地的士兵

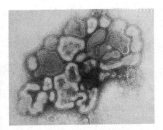

西班牙流感病毒的透射电镜照片

"西班牙流感" 是 1918—1921 年暴发的。推测有 5 亿人感染，死亡人数达 5000 万—1 亿，是人类历史上暴发的最严重的传染病。日本也曾 "中招" 3 次，共计有 2380 万人感染，约 39 万人死亡。
听到西班牙流感，可能你会认为它起源于西班牙，事实并非如此。关于起源，有不同的说法，比如有说法称其起源于一战期间驻法英国陆军，或是起源于一战中美国堪萨斯州陆军营地，等等。之所以被俗称为 "西班牙流感"，是因为参加一战的国家封锁消息，隐瞒了疾病在军队中暴发的情况，而在中立国西班牙，关于流行病的流言却被大肆宣传，最后西班牙不得不 "背了黑锅"。

引导大众得了西班牙流感要及时就诊的日本海报，标语是 "早治疗可痊愈"。

03

使欧洲三次陷入地狱的黑死病是什么？

——黑死病就是鼠疫，是由鼠疫杆菌感染引起的。

细菌感染人类，引发的最大悲剧要数鼠疫了。**鼠疫是由鼠疫杆菌引起的疾病。**据说在人类历史上曾有过 3 次鼠疫大暴发。第 1 次是从 6 世纪开始，一直持续到 8 世纪；第 2 次被称为最悲惨的暴发，发生在 14 世纪。当时人们对鼠疫非常恐惧，称它为黑死病。据推测，假如当时鼠疫从欧洲扩散到全世界，那么当时 4 亿 5000 万世界人口中将有 1 亿人死于该病；此后，鼠疫在世界各地又多次暴发，19 世纪时出现了第 3 次大暴发，夺走了数百万到 1000 万人的生命。

鼠疫杆菌寄生于老鼠等啮齿类动物身上，通过人和啮齿类动物身上共有的跳蚤等传染给了人类。也有通过跳蚤从啮齿类动物传染给宠物，然后经宠物传染给人的情况。

大多数病例中，**人类被携带鼠疫杆菌的跳蚤咬了之后，几天后会出现高烧、淋巴结肿大等腺鼠疫症状。**这种病的死亡率很高，如果感染后没有进行治疗的话，六成的患者会在 1 周内死亡。

另外，有报告显示，鼠疫患者的痰中寄生着鼠疫杆菌，鼠疫杆菌一旦被吸入肺部，则表现出肺鼠疫的症状，如果不进行治疗，3 天内就会死亡。

鼠疫杆菌是瑞士裔法国人亚历山大·耶尔森在香港发现的，几乎同时，北里柴三郎也发现了鼠疫杆菌。但是，因为耶尔森证明了鼠疫杆菌就是黑死病的致病菌，学界就用他的名字为鼠疫杆菌命名，并流传了下来。

当时的人们不知道这是什么病，眼看着得病的人手脚变黑而死简直太可怕了！

乔万尼·薄伽丘（1313—1375）

随着卫生条件的改善和抗生素疗法的进步，现在感染鼠疫的人越来越少了。不过，世界卫生组织的报告称，在2010—2015年的5年间，仍有3248人感染鼠疫，其中有584人丧命。所以，我们仍不能对鼠疫掉以轻心。

意大利佛罗伦萨的诗人、人文主义学者、作家乔万尼·薄伽丘创作的《十日谈》的插画。1348年，佛罗伦萨因黑死病尸横遍野，《十日谈》讲的是10位贵族因害怕鼠疫逃亡郊外，在10天内讲了100个故事。

资料来源：英国／Wellcome Collection

鼠疫杆菌

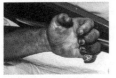

感染鼠疫杆菌而变黑的手

17～18世纪，在欧洲治疗黑死病的医生的身影。当时认为鼠疫是通过空气感染了瘴气所致，于是治疗鼠疫的医生们戴着鸟嘴状的口罩进行防护，鸟嘴处装满香料。（1656年，保罗侯爵的版画，上面画着鼠疫医生施纳贝尔·冯罗姆。）

04

预防传染病的疫苗，到底是什么？

——疫苗就是做了无毒或减毒处理的细菌或病毒。

当细菌或病毒进入人体内，不断繁殖，扰乱身体机能，人就会患病。但是，一些传染病得过一次就不会再得第二次。麻疹就是一个很好的例子，现在很多孩子会在 1 岁和 5 ～ 6 岁时分别接种麻疹疫苗，所以日本国内麻疹的感染率非常低。

那么，到底什么是疫苗呢？

人一旦感染了病毒或细菌，就会产生抗体来对抗病原体。抗体会识别特定的病原体，并与该病原体结合。我们身体的生物防御功能的运行机制，就是认准与抗体结合的病原体，把它驱除出体外。所以说抗体是一种记号，它帮助我们标记入侵体内的病原微生物，并通知生物防御系统。为了产生抗体，我们可以将做了无毒或减毒处理的病原体或是病原体的一部分植入人体内，这就是**接种疫苗**。通过接种疫苗，我们可以产生对抗病原体的抗体。

现在的疫苗大致分两种。一种被称为**活疫苗**。这种疫苗使用的是**无毒或者减毒的细菌或病毒**。因为接近现实中感染的病原体，所以可最大限度激发人的免疫机能，获得较高且相对持久的免疫。不过，虽说是减毒，因为注射的仍是病原体，所以有可能出现感染等副作用。另一种是**灭活疫苗**。这种疫苗使用的是**细菌或病毒的尸体**。虽然没有感染等副作用，但与活疫苗相比，免疫持续期短，有时需要多次接种。

除此之外，还有的疫苗只用到病原体的一部分，或是通过基因重组培养病原体的一部分使用，广义上这些也属于灭活疫

86

18～20世纪的疫苗发展史

※仅标明首次研发的疫苗及时间

○ 1796 年 天花疫苗 / 世界上第一支疫苗
○ 1879 年 霍乱疫苗
○ 1881 年 炭疽疫苗
○ 1882 年 狂犬病疫苗
○ 1890 年 破伤风疫苗、白喉疫苗
○ 1896 年 伤寒疫苗
○ 1897 年 鼠疫疫苗
○ 1926 年 百日咳疫苗
○ 1927 年 结核疫苗
○ 1932 年 黄热病疫苗
○ 1937 年 斑疹伤寒疫苗
○ 1945 年 流行性感冒疫苗
○ 1952 年 脊髓灰质炎疫苗
○ 1954 年 日本脑炎疫苗
○ 1957 年 腺病毒 4 型和 7 型疫苗
○ 1962 年 脊髓灰质炎口服疫苗
○ 1964 年 德国麻疹疫苗
○ 1967 年 腮腺炎疫苗
○ 1970 年 风疹疫苗
○ 1974 年 水痘疫苗（水疱）
○ 1977 年 肺炎球菌疫苗
○ 1978 年 脑膜炎疫苗
◉ 1980 年 WHO 第 33 届大会上宣布消灭天花
○ 1981 年 乙型肝炎疫苗
○ 1985 年 B 型流感嗜血杆菌疫苗
○ 1992 年 甲型肝炎疫苗
○ 1998 年 莱姆病疫苗、抗轮状病毒疫苗

苗。目前各国都在抓紧时间研发抵抗新冠病毒的疫苗，应用的也是上述方法。

爱德华·詹纳（1579—1823）
英国医生。1796 年，为预防天花，詹纳研发了人类首支疫苗。在詹纳的疫苗问世之前，人们使用接种人痘[1] 的方法预防天花。詹纳研发的接种牛痘[2] 的方法，比接种人痘安全性更高。他也因这一杰出的贡献被人们称为 "近代免疫学之父"。

天花病毒

[1] 指从患有轻型天花的人体内取出病毒，给健康人接种。——译者注
[2] 指从牛体内取出牛痘病毒，给健康人接种。——译者注

05

疟疾在日本也暴发过吗？

——早在三至四世纪，直到二战后初期，日本曾流行过三日疟。

疟疾是被携带疟原虫的按蚊叮咬而感染的疾病，直到今天，这种疾病在热带和亚热带地区仍有发生。据世界卫生组织推算，每年约有 2.2 亿人感染疟疾，43.5 万人因此死亡。

我们已知有 5 种疟原虫会感染人类，分别是**恶性疟原虫**（*Plasmodium falciparum*）、间日疟原虫（*P.vivax*）、三日疟原虫（*P.malariae*）、卵形疟原虫（*P.ovale*）、诺氏疟原虫（*P.knowlesi*）。

日本也曾出现过疟疾患者。关于疟疾的最早的记载，是公元 701 年颁布的《大宝令》中出现的"瘧"，在一些地区，疟疾也被称为"瘧病""瘴瘟""風气""泥沼病"等。

而疟疾（malaria）一词最早出现在明治时代以后。在日本，主要流行的是间日疟，也被称为**本土疟疾**。1901 年，驻扎在北海道深川市的屯田兵及其家属感染了疟疾，感染率达到五分之一。据统计，1903 年，日本全国感染者达到了 20 万。但是，通过使用蚊帐和蚊香、改善生活环境、改良湿地土壤、喷洒杀虫剂等一系列措施，按蚊叮咬人类的情况逐渐减少，到 1935 年，每年感染人数降到了 5000 人。

但是，据推测，二战结束后返回日本的 500 多万人中，有 95 万人感染了疟疾。当时人们担心疟疾会再次暴发。不出所料，1946 年，感染人数再次达到峰值——约 2.82 万人。到 1951 年，感染人数减少到了 500 人以下。此后，日本几乎没有再出现大规模感染的情况。

如今，每年仍有 100 ~ 150 例在国外感染、回日本后发病

症状最严重的疟疾就是恶性疟疾了。一旦发病容易发展为重症，死亡率也很高！

的病例。也有专家预测，随着全球气候变暖，气温逐年上升，疟疾也许会再次暴发。不过，如今人们普遍认为，现在的房屋结构能够有效防止蚊子进入，只要在气温较高的时期，不发生房屋大面积倒塌的灾害，疟疾应该就不会再次暴发。

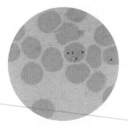

侵入红细胞的疟原虫

图片来源：美国疾病控制与预防中心

携带疟原虫的按蚊

图片来源：美国疾病控制与预防中心

描写疟疾感染者临终情况的《平清盛炎烧病之图》
（1883 年，月冈芳年绘）

06

死亡率很高的传染病结核病，到底是什么？

——结核病是由感染结核菌引起的，现在仍是世界十大传染病之一。

明治时代初期，人们管结核病叫"劳咳"，是一种死亡率很高的疾病。结核病是因感染结核菌（*Mycobacterium tuberculosis*）引起的。结核菌是"近代细菌学之父"罗伯特·科赫发现的致病性细菌。目前，从世界范围内来看，结核病致死人数相当多，依然是世界十大传染病之一。

据统计，全球每年约有 1000 万新增感染者，感染总人数约有 20 亿。而且，可怕的是，每年有 120 万～ 150 万的结核病患者死亡。2018 年，日本结核病患者的数量是 37134，其中 15590 人是新增感染者，有 2204 人死于结核病。

结核菌传染力很强，它可以藏在打喷嚏和咳嗽产生的飞沫中，通过飞沫传播。如果不慎吸入结核菌，结核菌就会在感染部位生长繁殖。这时，免疫系统就会马上开始工作，一种叫巨噬细胞的白细胞和淋巴细胞会迅速包围并控制住结核菌。如果在这一阶段，结核菌停止了生长繁殖，人就不会发病。但是，有些结核菌即使被巨噬细胞围困，也能生存下去，它们会在原地"按兵不动"。哪怕感染结核菌几年以后，当某些原因导致人体免疫力下降的时候，"突破重围"的结核菌也会在新的地方引发感染。

通常会先感染肺部，导致肺结核。不过，结核菌可以寄生在很多器官中，比如大脑、骨骼、淋巴结等，这些部位都可能发生感染。如果感染了结核菌，必须要进行治疗，讳疾忌医可能导致致命的危险。

现在,我们为了预防结核病,会接种卡介苗。卡介苗是减毒活疫苗,使用的是牛型结核分枝杆菌 (*M.bovis*),这种牛型结核菌经过多次培养后,几乎不会感染人类。

日本在 1951 年制定了《结核病预防法》,规定小学生需接受结核菌素试验,结果是阴性的儿童,需接种卡介苗。后来,这部法律又经过多次修订,目前,日本所有新生儿在 1 岁之内都要接种卡介苗。随着疫苗的普及,现在日本患结核病的儿童很少,但遗憾的是,在没有接种过卡介苗的老年人中结核病发病率仍然较高。

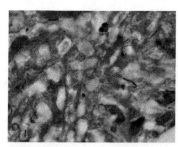

被结核菌感染的组织

结核菌

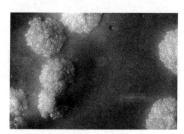

培养出来的结核菌群

日本的结核病中,八成是肺结核。除此之外,肾脏、淋巴结、骨骼、大脑等身体的任何地方也都可能感染哟。日本著名的诗人正冈子规就是因为感染了结核菌,引发慢性骨髓炎而去世的。

07

O157肠出血性大肠杆菌是什么？

——它是一种可产生志贺样毒素、引发出血性腹泻和大脑病变的微生物。

顾名思义，**大肠杆菌**（*Escherichia coli*）是寄生在动物肠道内的细菌。普通的大肠杆菌并不会干坏事捣乱。大肠杆菌的细胞壁表面有脂多糖，是一种脂类和糖类构成的物质。脂多糖又叫 O 抗原。O 抗原有很多种不同的结构，人们把发现的第 157 种结构命名为 O157。

致病性大肠杆菌是指会导致特定疾病的大肠杆菌。其中，肠出血性大肠杆菌是一种能产生志贺样毒素（蛋白质毒素）的大肠杆菌，它能引发出血性肠炎、溶血尿毒综合征等病症。O157 肠出血性大肠杆菌是其中的代表，除此之外，还有与它同类的 O26、O111、O121、O128 等。

志贺样毒素大致分两种：一种是 VT1，它与志贺菌产生的蛋白质毒素相同；另一种则是结构不同的蛋白质毒素 VT2。而肠出血性大肠杆菌会产生 1 种以上的蛋白质毒素。

那么，为什么好好的大肠杆菌会产生毒素呢？

通过分析这些大肠杆菌的 DNA，人们发现，噬菌体充当了搬运工的角色，把蛋白质毒素的基因从志贺菌那里带到大肠杆菌中。这种不同种类生物之间的基因转移叫作**水平转移**。

如果人感染了能产生志贺样毒素的大肠杆菌，**志贺样毒素**就会损坏肠道细胞，引发出血性腹泻。接下来，毒素通过血管流向全身，到达肾脏就会引发溶血尿毒综合征，到达大脑就会引发急性脑病变。

虽然有报告称这种感染与其他食物中毒一样，夏季多发，但其实冬季也会发生。O157 大肠杆菌寄生在动物肠内，当我们处理生肉时接触了肠内物质，或是双手沾了感染者的粪便再处理食材，可能就会造成感染。不过幸好，加热食品就能消灭 O157 大肠杆菌，所以充分加热食材是很重要的！

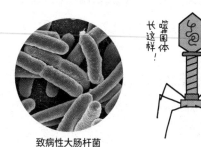

长这样！噬菌体

致病性大肠杆菌

O157 肠出血性大肠杆菌产生的志贺样毒素进入体内后，有 3～8 天的潜伏期，发病时会伴随强烈腹痛、水样便腹泻，之后会便血，还有可能引发脑部病变、溶血尿毒综合征（HUS）等严重的并发症。儿童和老年人需要特别注意！

志贺样毒素会阻碍细胞蛋白质的合成，杀死细胞。它会损坏肾脏、脑、肺等器官。
志贺样毒素有 1 型和 2 型，2 型比 1 型毒性更强。顺便说一下，1 型毒素和 1897 年志贺洁（1871—1957）发现的志贺菌产生的"志贺毒素"相同。
再说噬菌体，简单来说就是感染细菌，在细菌中繁殖的病毒。在第 1 章第 4 节"细菌和病毒是微生物吗？"中曾提过噬菌体，它其实就是一种病毒。但是，这家伙把志贺菌里的毒素基因带到了大肠杆菌里，真是"来者不善"！

08

什么细菌会导致食物中毒？

——细菌在消化道或食物中繁殖产生毒素会引起中毒。

夏天，食物容易变质，是食物中毒多发的季节。那么你知道为什么会发生食物中毒吗？

食物中毒的原因有很多，细菌、病毒、自然界中的毒素、化学物质、寄生虫都可能导致食物中毒。由细菌引起的食物中毒，除了上一节讲到的肠出血性大肠杆菌以外，还有很多食物中毒细菌呢。根据日本厚生劳动省 2019 年的食物中毒统计，最常见的是异尖线虫（寄生虫）、弯曲杆菌、诺沃克病毒（也称诺如病毒，诺如病毒属）、产气荚膜梭菌、肠出血性大肠杆菌等感染。按感染者人数排序的话，从高到低依次是诺如病毒、弯曲杆菌、产气荚膜梭菌、肠出血性大肠杆菌、沙门氏菌。

细菌性食物中毒主要有 3 种类型。

第 1 种是细菌进入消化道，侵入肠道等消化道壁，攻击消化道表面的细胞，导致腹痛和腹泻等，我们称这种类型为"感染型"。由弯曲杆菌、沙门氏菌、副溶血性弧菌等引起的食物中毒就属于这个类型。弯曲杆菌和沙门氏菌会侵入肠道表皮，副溶血性弧菌会在肠内产生溶血毒素，攻击肠道细胞。

第 2 种是细菌在食品中繁殖并产生毒素，这些毒素引发食物中毒，我们称这种类型为"毒素型"。比如金黄色葡萄球菌和肉毒杆菌，就会在食物中繁殖。繁殖过程中，金黄色葡萄球菌会产生肠毒素，肉毒杆菌会产生肉毒杆菌毒素。

第 3 种是"中间型"。细菌侵入肠内并进行繁殖，长出芽孢这种耐热性孢子，同时产生毒素，引起食物中毒。比如产气

异尖线虫在海水中孵化、寄生在磷虾等甲壳类动物中。成长为幼虫后，又会接着寄生到以甲壳类为食物的鲭鱼、大马哈鱼、乌贼等海洋动物身上。它们在这些中间宿主身上继续成长，最后会寄生到最终宿主海豚和鲸鱼身上。异尖线虫的成虫寄居在鲸鱼的肠中，继续产卵繁殖。虫卵会与鲸鱼的粪便一同排到海里。孵化后又寄生在甲壳类动物身上……就这样循环往复。

所以，人要是吃了携带异尖线虫的鱼做成的生鱼片的话，活的异尖线虫就会进入人体内。有的异尖线虫"活力四射"，甚至有弄穿我们消化道壁的本事！那样的话会导致穿孔性腹膜炎、寄生虫性肉芽肿。如果不慎得了这些病，患者就会出现呕吐、剧烈腹痛的症状，非常痛苦。根据寄生部位的不同，可分为胃异尖线虫病、肠异尖线虫病、肠道外异尖线虫病等。目前还没有什么特效药，所以大家一定要提高警惕啊！

荚膜梭菌、蜡样芽孢杆菌等。

不过无论如何，我们都可以做些工作，尽量防止食物中毒细菌污染我们吃的食物。（可参考81页的表格——食物滋生了"坏家伙"会怎么样？）

弯曲杆菌

肠出血性大肠杆菌

诺如病毒

产气荚膜梭菌的革兰氏染色图像

沙门氏菌属

虽不是微生物，但导致食物中毒的"头号选手"——异尖线虫的幼虫

09

导致食物中毒的病毒又是什么？

——呕吐、腹泻是诺如病毒和轮状病毒搞的鬼哟。

上一节讲到了导致食物中毒的细菌。除细菌外，**病毒也会引发食物中毒**。引发食物中毒的病毒中，最广为人知的就是诺如病毒了。

细菌性食物中毒多发生在夏季，这是因为随着气温变高，细菌在食物中更容易繁殖。而**诺如病毒引发的食物中毒多发生在秋冬**，与细菌性食物中毒的流行时期稍有不同。

关于诺如病毒，目前认为它是诺如病毒属的唯一一种病毒。诺如病毒和新冠病毒一样，也是 RNA 病毒，只是它不像新冠病毒那样有包膜。诺如病毒呈正二十面体，直径 30 ～ 38 纳米。

那么，诺如病毒是如何导致食物中毒的呢？它会经口进入小肠，感染小肠肠壁细胞并进行繁殖。肠壁细胞破裂后，新繁殖的诺如病毒再次释放到肠道内，继续感染细胞。被感染的小肠肠壁细胞脱落，引发呕吐、腹泻、发热、发冷寒战等症状。

以前人们认为，牡蛎等贝类会发生生物富集，吃牡蛎会导致病毒感染。现在发现诺如病毒还可借由粪便和呕吐物传播，接触感染者使用过的马桶、门把手等，都有可能被感染。

更可怕的是，诺如病毒在墙壁或门的表面可生存数周，因为它没有病毒包膜，即使用酒精消毒、用肥皂洗手也不会使它失去活性。

引起食物中毒的还有轮状病毒。轮状病毒具有很强的传染性，婴幼儿最容易感染。不过好在每感染一次，免疫系统都会

吃被污染的食物，把手指含在嘴里，很 危险！

跟着"升级"，所以成年人几乎不会感染。学龄前儿童出现急性肠胃炎，半数左右都是轮状病毒引起的。害我们上吐下泻的病毒性肠胃炎，罪魁祸首就是这两种病毒了。

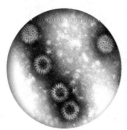

轮状病毒

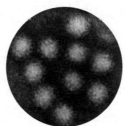

诺如病毒
（诺沃克病毒）

呈正二十面体的
诺如病毒

之所以称诺如病毒为"诺沃克病毒"，是因为 1968 年美国俄亥俄州诺沃克镇的小学发生了集体食物中毒事件，从食物中毒的孩子的粪便中检测出了病毒，于是就用诺沃克镇名命名了这个病毒。2002 年，国际病毒分类委员会（ICTV）决定将其归为诺如病毒属。诺如病毒和轮状病毒感染都会导致急性肠胃炎，每年冬季到春季流行。诺如病毒感染从 11 月份开始，12 月～次年 1 月感染人数最多；轮状病毒感染是 1 月开始出现，3 ～ 5 月感染人数最多。

10

威力最大的食物中毒细菌是哪种？

——在无氧环境中也能繁殖的肉毒杆菌的毒素是毒性最强的哟。

最可怕的食物中毒细菌，要数肉毒杆菌（*Clostridium botulinum*）了。肉毒杆菌与我们人类不同，它们在没有氧气的地方也能生存！因此，就算是在真空或几乎无氧的环境中，肉毒杆菌也能繁殖。

比如在罐头、香肠等加工食品中，有时肉毒杆菌会偷偷地繁殖。肉毒杆菌产生的肉毒杆菌毒素，被称为自然界中毒性最强的毒素。这种毒素是一种神经毒素蛋白，会抑制神经信号的传递。据说致死量不到 1 微克（1 微克为 1 克的十万分之一），30 纳克（1 纳克为 1 克的一亿分之一）就会导致中毒甚至死亡。因为它具有如此强烈的毒性，有的非法组织甚至将肉毒杆菌毒素作为生化武器用于恐怖活动。

更棘手的是，肉毒杆菌会产生芽孢。芽孢具有耐热性，100℃煮沸 6 小时以上才能消灭它。如果食材加热不充分，肉毒杆菌的芽孢直接被装进罐头和瓶装食品中，那么芽孢就会继续繁殖肉毒杆菌，产生毒素。

婴幼儿若经口感染了肉毒杆菌，就会引发婴儿肉毒杆菌中毒综合征。与成人相比，婴幼儿肠内菌群尚未发育完全。因此，肉毒杆菌进入肠道后，不会被肠内细菌驱赶，而是在肠内繁殖并产生毒素，导致全身肌肉无力等症状。此时若不及时就医，有可能会导致死亡。

有报告指出，没有进行加热处理的蜂蜜等食品会导致肉毒杆菌中毒。因此，日本厚生劳动省呼吁，千万不要给未满 1 岁的婴儿喂食蜂蜜。

虽然很难分辨食物是否被肉毒杆菌污染了，但是，如果容器内有肉毒杆菌繁殖的话，容器就会膨胀，打开后会闻到异味。正规厂商非常注重食品安全，通常会在 120℃ 环境下加热 4 分钟（相当于 100℃ 环境下加热 6 小时）。比较令人担心的是自制的食品，日本国立传染病研究所的数据表明，1984—2017 年，共发生 29 起肉毒杆菌食物中毒事件，中毒患者为 104 人。食用寿司饭导致中毒的案例很多。

婴幼儿也会发生肉毒杆菌中毒，1986—2017 年，共发生了 37 起婴幼儿肉毒杆菌中毒事件。其中，1989 年以前的案例中有 7 起确定是因食用蜂蜜而引发的。1987 年，日本厚生劳动省发布公告，提醒大家不要给 1 岁以下的婴儿吃蜂蜜。

肉毒杆菌

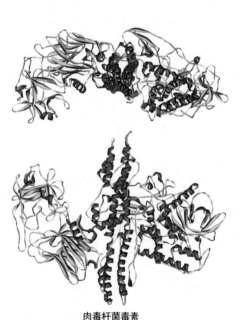

肉毒杆菌毒素

有可能潜伏着
肉毒杆菌的食品

自制罐头、瓶装食品
自制香肠、寿司饭等

11

什么病会通过性行为传播？

——很多由细菌、病毒引发的疾病可通过性行为传播。

有一些疾病是通过人与人之间的性行为感染的。以前叫性病，现在称为性传播疾病。有梅毒、淋病、生殖道沙眼衣原体感染、生殖器疱疹、HIV 感染等。

梅毒的病原体是一种叫作梅毒螺旋体（*Treponema pallidum subsp.pallidum*）的螺旋状细菌。现在还不能在人工培养基中培养，只能在兔子的睾丸内培养。感染了梅毒，症状时隐时现，有时人们会以为自己痊愈了，而没有及时就诊。如果不及时进行治疗的话，梅毒螺旋体可能会感染中枢神经系统，发展成神经梅毒，甚至导致死亡。

淋病是由淋病奈瑟菌（*Neisseria gonorrhoeae*）感染黏膜造成的。男性感染后容易发生尿道感染、化脓，排尿时有剧痛。女性感染则较难发觉，有时尿道会有脓排出。

生殖道沙眼衣原体感染是日本最多发的性传播疾病。病原体是沙眼衣原体（*Chlamydia trachomatis*），会造成男性尿路感染，引起瘙痒和疼痛，但没有淋病那么严重。而女性感染后几乎没有症状，有时很难发觉。

生殖器疱疹是由于感染疱疹病毒，导致生殖器及附近出现水疱和溃疡，瘙痒难耐。一旦恶化，会导致全身无力、淋巴结肿胀疼痛等。生殖器疱疹几乎无法根治，有复发的风险，是很难对付的性传播疾病。

HIV 感染是由人类免疫缺陷病毒（也叫艾滋病病毒）引起的感染。艾滋病病毒会感染人的免疫细胞——CD4+T 淋巴细胞。如果只是感染了艾滋病病毒，是没有任何自觉症状的，不会发病。但是，感染数年到数十年后，潜伏在体内的艾滋病病毒会导致我们免疫力逐渐下降，通过机会性感染等最终导致艾滋病的症状。艾滋病病毒除了通过性行为传播以外，还会通过母婴传播和血液传播。是很难对付的坏家伙！

除此之外，还有人类嗜 T 淋巴细胞病毒 I 型（HTLV-1）等引发白血病的病毒感染。无论是哪种疾病，早发现早治疗才是王道。

性传播疾病的
致病菌和病毒

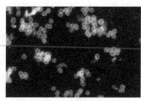

淋病——淋病奈瑟菌
男性若患淋菌性尿道炎，尿道会出现剧痛并分泌脓化物。与生殖道沙眼衣原体同时感染的情况较多。女性感染容易导致宫颈炎、咽炎、眼结膜炎等。治疗方法是肌肉注射抗菌药物。

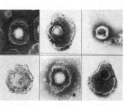

疱疹病毒
单纯疱疹病毒感染是指生殖器、皮肤、口腔和嘴唇（口唇疱疹）、眼睛等部位反复出现小水疱，有痛感。一旦感染会反复发作，很遗憾，现在还没有可以根治的药物。

艾滋病病毒（人类免疫缺陷病毒）
不进行治疗的话，半数感染者在 10 年以内发病（获得性免疫缺陷综合征）。无法根治，但用逆转录酶抑制剂等药物组合来治疗，可防止病毒繁殖，提高免疫力，对抗艾滋病。

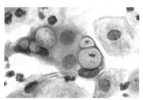

生殖道沙眼衣原体感染（沙眼衣原体）
可感染尿道、宫颈、直肠、眼睛和喉咙。男性感染，会出现排尿疼痛和尿频的症状。女性感染后若不及时治疗，可能会增加不孕、流产、宫外孕的风险。不过幸好这是可以用抗菌药治疗的传染病。

梅毒（梅毒螺旋体）
截至 2019 年，梅毒新发病例连续 4 年超过 1600 人。病情分一期、二期、三期，病人若长期不接受治疗，将会导致病情恶化，甚至会导致死亡。梅毒是可以治愈的，但是一定要及早发现、及时使用抗菌药物治疗。

12

世界一半人口感染的幽门螺杆菌是什么？

——幽门螺杆菌是一种能在呈强酸性的胃液中存活的细菌！

幽门螺杆菌（*Helicobacter pylori*）是寄生在人胃中的细菌。这种细菌会引发慢性胃炎、胃溃疡、胃癌等。我们都知道，胃会分泌盐酸，保证了胃液的强酸性。因此在很长一段时间内，人们认为没有细菌能在胃里存活。1983年，澳大利亚的罗宾·沃伦、巴里·马歇尔发现了螺旋状的幽门螺杆菌。马歇尔亲自服用了幽门螺杆菌培养液，想要验证自己是否会得胃炎。实验结果证明了幽门螺杆菌是胃炎的致病菌。

那么，幽门螺杆菌是如何在胃中生存下来的呢？

幽门螺杆菌寄生在胃黏膜上，它会分泌一种可以分解尿素的尿素酶，将周围的尿素分解成二氧化碳和氨。氨可以提高周围的 pH 值，帮助幽门螺杆菌创造出适合繁殖的环境。除尿素酶以外，它还会分泌各种各样的酶，分解黏膜。被破坏的黏膜，就无法再保护胃壁不受胃酸的腐蚀。于是，幽门螺杆菌产生的毒素会损伤胃黏膜，引起发炎。时间久了，这种慢性炎症会导致胃溃疡和胃癌！

幽门螺杆菌是经口感染的。自来水是感染源之一，不过在日本，因为有完善的上下水道系统，直接饮用自来水并不会造成感染。反而是家庭和过集体生活的托儿所、幼儿园内容易发生交叉感染，比如父母传给孩子，兄弟姐妹之间传染等。实际上，在免疫力较弱的幼儿期被感染的风险很高呢！

巴里·马歇尔
和罗宾·沃伦一同发现了幽门螺杆菌，并证明它是胃炎和胃溃疡的致病菌。

目前日本幽门螺杆菌的感染率是：老年人七到八成，年轻人二到三成。二战后日本国内卫生条件恶劣，在那个时代长大的孩子，感染幽门螺杆菌的概率较高也是意料之中的事情。

据统计，全世界大约有 50% 的人感染幽门螺杆菌。整体来看，发达国家感染者较少，发展中国家感染者较多，这一倾向也反映出各国家间卫生条件的差异。

包括幽门螺杆菌感染在内，大部分的传染病都是在人尚处幼儿时发生感染的。随着卫生习惯和卫生条件的改善，这些传染病的感染规模在逐渐减少。这也证明了传染病与卫生状况是密切相关的。

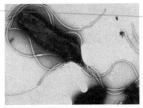

幽门螺杆菌

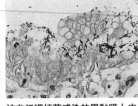

被幽门螺杆菌感染的胃黏膜上皮

幽门螺杆菌是在免疫力较低的婴幼儿时期经口感染的。通常数十年后才会发病。发展中国家儿童的感染率在七成以上，发达国家的年轻一代感染率较低。在日本，年轻人中的感染率是二到三成，老年人因幼年时卫生条件恶劣，感染率有七到八成。据推测，全世界大约有一半的人感染幽门螺杆菌，可以说是世界上规模最大的一种感染了。

图片来源：堤宽（曾任藤田保健卫生大学医学部第一病理学教授，现供职于堤病理咨询所）

幽门螺杆菌的感染过程

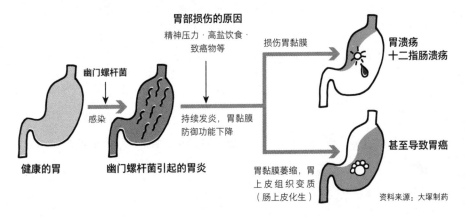

资料来源：大塚制药

13

什么病是真菌导致的？

——轻者如脚癣，重者如球孢子菌病，真菌最擅长『趁虚而入』！

有一些疾病由真菌引起。比方说脚癣就是身体表面出现的真菌性皮肤病。还有一些真菌会感染身体内部，它们大部分是机会致病菌，会趁身体免疫力低下的时候引发疾病。在日本，最具代表性的就是曲霉病、毛霉病。

曲霉病是因吸入曲霉属（*Aspergillus*）真菌的孢子，孢子在肺中繁殖，破坏肺组织引起的。进一步发展的话，会变成侵袭性曲霉病，在肺部全面扩散，甚至波及脑、心脏、肝脏、肾脏等器官。在初期感染中发现的主要是烟曲霉（*Aspergillus fumigatus*）等。

毛霉病是根霉（*Rhizopus*）、根毛霉（*Rhizomucor*）、犁头霉（*Absidia*）、白霉菌（*Mucor*）等引起的真菌病。人一旦吸入真菌孢子，会引起鼻子、鼻旁窦、眼睛、脑等器官的感染，甚至会导致死亡！真菌孢子一旦进入肺部，则会发展成肺毛霉病，进入消化道造成感染的情况也有。

这些真菌无处不在，孢子平时就飘浮在空气中，但是健康的人并不会因此感染。

真菌引起的最可怕的疾病就是球孢子菌病了，它的致病菌是粗球孢子菌（*Coccidioides immitis*），这种真菌只生长在美洲大陆的干燥地区。

下雨后，这种真菌会长出菌丝，风会把分节孢子带到各个地方。人一旦吸入孢子，哪怕是极少量的，都会造成感染，症状像感冒一样。可一旦感染扩散至全身，致死率可达 50%！

对真菌没有免疫力的人群要格外注意防护。

如今,从境外带进日本的真菌正在逐渐增多,对于输入型真菌病,我们要保持高度警惕。

在日本具有代表性的致病真菌

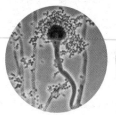

烟曲霉　　　　　根霉

世界最恐怖的致病真菌

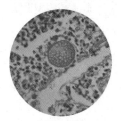

粗球孢子菌

免疫力低下时,常居菌会造成机会性感染,导致曲霉病。具体有肺曲霉病、侵袭性肺曲霉病、过敏性支气管肺曲霉病、浅表性曲霉病等。

毛霉病也是一种机会性感染疾病。吸入根霉、根毛霉等真菌孢子可能会引发感染。肺毛霉病、鼻脑毛霉病等,是很可怕的!一旦感染,即便大剂量注射抗真菌药,仍有很多人难以脱离生命危险。

最恐怖的就是球孢子菌病了!它是发生在美国加利福尼亚州和亚利桑那州西南部及中南美洲干燥地区的真菌类疾病。只要吸入一点点孢子就会发病!症状类似感冒,可能出现红斑,甚至会导致脑膜炎。即使用抗真菌药物治疗,也有半数患者难逃死神魔爪。

14

什么病会通过母婴传播？

——多种病原微生物会经由三种模式在母婴间传播。

宝宝在出生前被保护在母亲的肚子里。母亲通过脐带将自身的免疫功能传递给胎儿，来自母亲的免疫力在宝宝出生后也发挥着重要的作用。

但是，有时母亲也会把疾病传染给孩子。根据感染的时间和方式可以将母婴传播分为三种模式。

第一种是在母亲的子宫内感染，即胎内感染。

第二种是出生时在产道感染，即产道感染。

第三种是通过母乳感染，即母乳感染。

刚地弓形虫、梅毒螺旋体、风疹病毒、巨细胞病毒（CMV）、单纯疱疹病毒等是胎内感染代表性的病原体，这几种病原体统称 TORCH。

这类感染会导致胎儿先天发育异常或是流产。除此之外，乙型肝炎病毒、丙型肝炎病毒、艾滋病病毒、人类嗜 T 淋巴细胞病毒 I 型等也会由母亲传染给子宫内的宝宝。

产道感染是病原微生物在产道内着床生长，或是寄生在母体血液中，胎儿经产道出生时发生的感染。淋病奈瑟菌、沙眼衣原体等性传播疾病致病菌，艾滋病病毒，乙型和丙型肝炎病毒等都能通过产道感染胎儿。另外，藏在母亲的乳汁中，通过哺乳感染婴儿的病原体有人类嗜 T 淋巴细胞病毒 I 型、艾滋病病毒、巨细胞病毒等。

人类最开始是通过尿、血液、口水等感染巨细胞病毒的。感染巨细胞病毒的孕妇看起来只是患了感冒，但是肚子里的胎儿却可能因此出现先天性缺陷。据调查，约30% 的成年女性未感染过巨细胞病毒，不携带抗体，所以这一部分女性最怕在怀孕期间感染巨细胞病毒。

另外，孩子可能也会传染给大人。孕妇感染巨细胞病毒，大多是被家里的孩子传染的。因此，在照顾孩子时，必须注意勤洗手，不与孩子共用餐具。

Q.什么是刚地弓形虫？

原虫长 5～7 微米、宽 2～3 微米，呈半圆形或者月牙形。据说世界上三分之一的人都感染了刚地弓形虫！它的最终宿主是猫科动物。如果孕妇在怀孕初期饲养了携带刚地弓形虫的猫咪，造成了感染的话，可能会对胎儿造成严重的危害。

刚地弓形虫
（寄生性原虫）

Q.怀孕期间感染风疹很可怕吧？

怀孕 10 周之前，若孕妇首次感染风疹，90% 的概率会影响到胎儿，胎儿可能会出现先天性风疹综合征的三大症状（心脏畸形、听力障碍、白内障）之一。

风疹病毒

Q.感染单纯疱疹病毒会怎样？

疱疹病毒可以寄居在皮肤、嘴唇、眼睛、生殖器中。感染处会产生水疱，引起疼痛，而且还容易复发。如果怀孕期间感染单纯疱疹病毒和巨细胞病毒，可能会造成流产、死胎、新生儿死亡等严重后果。非常可怕！

单纯疱疹病毒　　巨细胞病毒（CMV）

Q.人类嗜T淋巴细胞病毒是什么？

人类 T 淋巴细胞病毒是感染白细胞的病毒，会导致血癌。母乳感染的概率是17.7%，用配方奶粉喂养可以有效防止感染。40 岁前后发病会导致 HTLV-1 相关脊髓病，65～70 岁发病则会导致成人 T 细胞白血病、淋巴瘤。人类嗜 T 淋巴细胞病毒感染很难预防，我们现在能做的只是切断母婴传播。

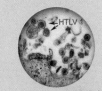

人类嗜 T 淋巴细胞病毒
Ⅰ 型（HTLV-1）

15

孩子怎样获得抵御传染病的免疫力？

—— 孩子是通过生病和接种疫苗逐渐获得免疫力的。

胎儿通过脐带从母亲那里得到一部分的免疫力，出生时是有抵抗力的。但是出生后抵抗力会逐渐下降，3～6个月时抵抗力最低。这个时期，婴儿开始容易生病。你知道吗？光是感冒病毒就有数百种，孩子挨个"中招"也是很正常的。

为了尽量保护孩子们，人们研制了各种各样的疫苗。日本中央和地方政府大力推广的疫苗有：乙型肝炎（乙型肝炎病毒）、乙型流感嗜血杆菌感染（乙型流感嗜血杆菌）、脊髓灰质炎（脊髓灰质炎病毒）、麻疹（麻疹病毒）、风疹（风疹病毒）、日本脑炎（日本脑炎病毒）、人乳头瘤病毒、小儿肺炎球菌（肺炎链球菌）、白喉（白喉杆菌）、百日咳（百日咳杆菌）、破伤风（破伤风梭菌）、结核（结核分枝杆菌）等疫苗。

除此以外，还有自愿接种的疫苗。比如抗轮状病毒、腮腺炎（腮腺炎病毒）、流行性感冒（流行性感冒病毒）、甲型肝炎（甲型肝炎病毒）、脑膜炎奈瑟球菌的疫苗。

还有一些儿童经常感染但目前还没有研制出疫苗的疾病，比如咽结膜热（腺病毒）、手足口病（柯萨奇病毒、肠道病毒）、幼儿急疹（人类疱疹病毒6型、7型）、诺沃克病毒（诺如病毒）感染、疱疹性咽峡炎（柯萨奇病毒甲型）、第五种病也即传染性红斑（人类细小病毒B19）、RS病毒感染症、感冒等数不清的疾病。

孩子通过生病、接种疫苗，提高了对疾病的抵抗力。经常感冒的小朋友，长大后也许反而不怎么爱感冒了呢。

18 世纪, 詹纳研发了首支疫苗。
200 年后, 人类逐步研发出多种疫苗。

尚未研发出疫苗的传染病

咽结膜热
(腺病毒)

诺沃克病毒感染
(诺如病毒)感染

RS 病毒感染症

幼儿急疹
(人类疱疹病毒 6 型、7 型)

已有疫苗的传染病

风疹
(风疹病毒)

白喉
(白喉杆菌)

人乳头瘤病毒感染
(人乳头瘤病毒)

脊髓灰质炎
(脊髓灰质炎病毒)

乙型流感嗜血杆菌
感染
(乙型流感嗜血杆菌)

乙型肝炎
(乙肝病毒)

破伤风
(破伤风梭菌)

结核菌群
(结核分枝杆菌)

百日咳
(百日咳杆菌)

麻疹
(麻疹病毒)

甲型肝炎
(甲肝病毒)

流行性感冒
(流感病毒)

腮腺炎
(腮腺炎病毒)

轮状病毒感染

脑膜炎奈瑟球菌
感染

16

可爱的宠物也会传染疾病？

——接触宠物的人都有可能患上动物源性传染病哟。

如今，宠物和人类的关系越来越亲近，很多人把宠物当作自己的亲人。但令人担忧的是，有些疾病会从宠物传播到人的身上。这类疾病叫作动物源性传染病，也叫人畜共患病。

在日本，常见的人畜共患病有：鹦鹉热——由病原性细菌鹦鹉热衣原体（*Chlamydia psittaci*）引起，症状和流感类似；皮肤癣菌病——由引起猫咪等动物皮肤疾病的犬小孢子菌（*Microsporum canis*）等真菌传给人，引发皮肤炎症；弓形虫病——由大部分哺乳动物和鸟类身上寄生的原虫、顶复动物亚门的弓形虫（*Toxoplasma gondii*）引起的感染，主要通过猫的粪便传播，如果孕妇感染，可能会导致死胎、流产、胎儿神经障碍和运动障碍等。

弓蛔虫病——人感染犬弓首线虫（*Toxocara canis*）、猫弓首线虫（*Toxocara cati*），进而损害肺、肝脏、眼睛功能的疾病；巴斯德氏菌病——人被狗和猫咬伤或被它们舔到伤口时，它们口腔中的常居菌多杀巴斯德杆菌（*Pasteurella multocida*）成为致病菌，引发从鼻腔到肺部的呼吸道炎症。

大家都知道的狂犬病，在日本，通过疫苗接种，1956 年以后就没有出现过，但是，狂犬病在其他国家依旧多发。狂犬病是由狂犬病毒引起的，一旦感染，无药可治，死亡率几乎是 100%，非常可怕！

全球每年有超过 5 万人死于狂犬病。据世界卫生组织统计，2017 年全球共有 5.9 万人死于狂犬病，其中亚洲地区 3.5 万人、非洲地区 2.1 万人。在日本，偶尔也有在尼泊尔、菲律宾感染狂犬病，回国后死亡的案例。

狂犬病因为有"犬"字，容易让人误认为是只有狗才有的病。其实，狐狸、蝙蝠、獴、浣熊、北美臭鼬等野生动物也是狂犬病毒的宿主，通过这些动物也是有可能感染狂犬病的。

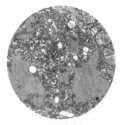

狂犬病毒

人

莱姆病、猴痘、汉坦病毒感染、埃博拉出血热、非典型性肺炎

牛海绵状脑病（BSE）、大肠杆菌感染、牛痘、裂谷热

狂犬病、西尼罗热、结核、炭疽病、兔热病、鼠疫、沙门氏病、禽流感、布鲁氏菌病

野生动物

家畜

动物源性传染病 / 人畜共患病感染风险区域图

资料来源：美国政府问责局编制

人畜共患病听起来就让人怕怕的。比如猫咪和狗狗体内的蛔虫，传染给人造成的弓蛔虫病。再比如狂犬病毒，很多动物都是它的宿主，被这些动物咬伤会很危险。虽然我们有狂犬疫苗，但是一旦发病，目前还没有药物可以治疗。

世界各地携带狂犬病毒的动物

资料来源：日本厚生劳动省

狐狸 蝙蝠

蝙蝠 浣熊 北美臭鼬 丛林狼 狐狸

狗 狼 狐狸

狗

獴

蝙蝠 獴 狗 狐狸 胡狼

蝙蝠

蝙蝠 狗

17

造福人类的抗生素到底是什么？

——抗生素是由微生物产生的、能阻碍其他微生物生长的物质。

人类一路走来，要不断与各种细菌感染作战。现在，我们已经很少会因为伤口感染细菌就失去生命了。

从前做外科手术，伤口处很容易发生细菌感染，进而引发败血症。结核、霍乱等细菌性感染也曾是不治之症，令人谈之色变。而彻底改变这种局面的功臣就是抗生素。

那么，抗生素到底是什么呢？

抗生素是由微生物产生的、能阻碍其他微生物生长的物质。现在的抗生素，会在原本微生物产生的物质中添加一些化学成分。

世界上最先发现抗生素的是英国的亚历山大·弗莱明。1928 年，他在培养葡萄球菌的实验中，发现培养皿里偶然长出了青霉菌，而青霉菌周围没有葡萄球菌生长。弗莱明认为这意味着青霉菌产生了某种抗菌物质，因为**青霉菌是盘尼西林属**，所以就将这种抗菌物取名为盘尼西林，即青霉素。青霉素因治好了二战中大批的负伤士兵和英国首相丘吉尔的肺炎而闻名于世。

很快，全世界开始用青霉素治疗感染症，并不断研发出新的抗生素。

抗生素有很多种，比如阻碍细菌细胞壁合成的万古霉素，阻碍核酸合成的利福平，阻碍蛋白质合成的四环素，等等。

抗生素是把双刃剑。近年来，滥用抗生素导致耐药性细菌增多成为人们普遍关注的问题。抗生素对流感等病毒性感染并没有疗效，但有时医生也会给患者开抗生素，还有把抗生素掺进家畜的饲料中使用的情况，这些做法都会导致耐药性细菌的增加。

发现青霉素的是弗莱明，而使青霉素应用于临床，极大地改变了传染病治疗方法的是弗洛里和钱恩。1945年，三人因上述贡献被授予诺贝尔生理学或医学奖。

细菌非常"团结"，具有耐药性的细菌，会将自己的耐药基因传递给其他细菌，这就是水平传播。这样一来，致病菌也具有了耐药性。我们都不想看到这种情况，所以一定注意，不要滥用抗生素啊！

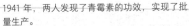
1941 年，两人发现了青霉素的功效，实现了批量生产。

钱恩
（1906—1979）
英国生物化学家

华特·弗洛里
（1898—1968）
英国药理学家

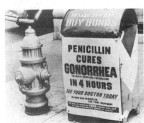
第二次世界大战中的广告——
"青霉素对治疗淋病有效"

1928 年，发现了青霉菌中青霉素的英国细菌学家亚历山大·弗莱明（1881—1955）

18

有可能成为新药的微生物是什么？

——数百万的未知微生物都有可能帮助人类获得新药哟！

抗生素在治疗感染症方面发挥着巨大作用。研发抗生素药物，要先从微生物的研究开始，经过反复实验探索，才可能成功。因为要付出大量的时间和成本，近年来，利用微生物产生的化合物研发新药的微生物制药行业有逐渐衰退的趋势。

众所周知，微生物会产生各种各样的物质。近年来，人们不断破译微生物的基因序列，从前人们不清楚的化合物的形成过程也逐渐变得清晰起来。有很多化合物是难以人工合成的。并且，我们发现，一些微生物的近缘物种会合成一些结构类似的化合物。为了认识这些新化合物，关键是要收集形形色色的微生物。

科学家推测，世界上还有数百万种微生物等待我们发现。这其中，我们相信一定有一些微生物产生的化合物能作为新药的成分使用，这方面的研究还大有可为呢。

目前学界很看好在抗生素生产中发挥作用的放线菌类。我们还知道，霉菌和蕈菌等真菌类微生物可以合成结构更复杂的化合物。如果人类能发现未知的真菌，就很有可能得到新的化合物。因此，包括日本在内的很多国家都在积极探索未知的微生物。

另外，通过基因破译技术，人们发现了一些基因，使得合成复杂的化合物成为可能，还可以对有未知功能的酶进行基因编码。这些基因平时不工作，通过激活它们，酶可以合成新的化合物；利用基因重组技术也可以改变酶的某些功能。目前，

学界有很多旨在推进生产新化合物的研究。

在科研工作者的努力下，相信今后会研发出更多起源于微生物、造福人类的新药！

我们的伙伴可以生活在多深的地下呢？人类在海底以下 4000 米的土壤中发现了微生物的身影，11000 米的深海中也有微生物哟！想想就觉得很激动呢！

19

微生物还能用于资源再生？

——生成碳氢化合物、甲烷，发电……微生物大有可为呢！

为了构建可持续发展的社会，世界各国都在大力开发可再生能源。所谓可再生能源，是指生产过程中不产生多余的二氧化碳等造成全球变暖的气体的能源。

举个例子吧。以植物为原料，通过微生物发酵形成的燃料，燃烧该燃料作为发动机的动力时，产生的二氧化碳可以再次被植物吸收，再次变成原料。这样就不会增加地球上的二氧化碳含量，是可再生的资源。很早以前，美国和巴西就用玉米和甘蔗等进行酒精发酵，然后将产生的酒精加到汽油中制成混合燃料使用。

但是，用可食用植物为原料生产燃料，会影响国家粮食的储备和供应。现在，科学家开发了利用植物纤维素类的生物资源生产酒精的技术。纤维素是葡萄糖聚合而成的大分子物质。

我们可以用蕈菌和霉菌产生的酶将纤维素分解成葡萄糖，然后利用酵母发酵制成酒精。

另外，还有研究表明，有的微生物可以产生和石油一样的碳氢化合物。近年来，藻类备受关注，人们发现，一些藻类细胞内储存有碳氢化合物。利用藻类进行光合作用，可以固定二氧化碳，产生碳氢化合物。人们对这项技术寄予厚望。

除液体燃料之外，还可以利用微生物生产气体燃料，比如用产甲烷细菌处理厨余垃圾、下水道、家畜的排泄物，产生可以燃烧的沼气。目前欧洲已普及了这项技术，并且产生的燃料已经投入使用了。

利用微生物创造能源的生物资源

生物资源(biomass)一词是生物(bio)和量(mass)组合而成的。纤维素类的生物资源是利用微生物把纤维素和半纤维素分解并转化成能量的哟。

我们身边有很多生物资源。比如农产品资源中的稻秆、稻壳、麦秸等;林业资源中的残枝废木等;糖分资源中的甘蔗和甜菜;淀粉资源中的大米、薯类、玉米;油脂资源中的菜籽、大豆、花生,等等。

把生物资源转化成能源,使用这样的自然能源可以控制二氧化碳的排放,为防止全球变暖做出贡献哟!

除作为燃料以外,乳酸菌产生的乳酸聚合而成的聚乳酸,可作为塑料的原料。目前这项技术已经市场化,应用于塑料袋生产中了。这种材料的塑料袋被认为是可再生资源,与以石油为原料的塑料袋不同,不是 "限塑令" 的限制对象。

最近,科学家还发现了可以直接发电的细菌。未来,微生物发电也许不再是梦咯!

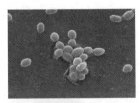

微生物有无限可能

玉米、甜菜、蕈菌和霉菌可以产生酒精

20

人们还在不断发现微生物的『新技能』？

——如若有所需，去问微生物。

生物很神奇，它们完美地控制着自身的机能，聪明地生活着。我们人类在农、食、医、药、工、环境等各个方面，利用着其他生物具有的特殊能力及其产物。

我们还利用基因治疗、动植物基因重组、细胞融合等多项技术，致力于提高我们的生活品质。

为什么生命科学技术会有如此的发展呢？

在日本，发酵产业非常发达。**发酵技术是利用微生物生产人们生活所需的各种物质的技术**。自古以来，日本就是味噌、酱油、酒、醋等发酵酿造食品的宝库，**有着与微生物打交道的悠久传统**。所以慢慢地，日本的发酵产业发展了起来，有机酸、氨基酸、抗生素、酵素的生产如火如荼。

基因重组前的发酵技术也被称为**"传统生物技术"**。在传统生物技术基础上，又有了基因重组技术、细胞融合技术、生物反应器技术、动植物细胞大规模培养技术等。从 1980 年起，**"生物技术"**（biotechnology）一词开始被广泛使用。在那之后，人类一直在不断研发利用微生物的新技术，比如医药品开发、新能源生产、生物资源利用等，可以说对社会重要的各个领域中，一定会有微生物的身影。

我们微生物学者铭记在心的一句话是："如若有所需，去问微生物。"这句话告诉我们，我们生产生活所需的物质，一定有某种微生物可以帮我们生产，只是我们还没发现而已。心诚则灵，也许正是因为怀有这份对待微生物的虔诚之心，微生

"去问微生物吧!" 新生物技术的关键词

生物技术（biotechnology）一词来自生物学（biology）和技术（technology）两个词的复合。在日本，人们不断更新微生物发酵技术，并利用杂交等进行品种改良，这是"传统生物技术"。在正文中提到的基因重组技术、细胞融合技术、利用生物催化作用的生物反应器、动植物细胞大规模培养技术等是"新生物技术"。不管是传统技术还是新技术，微生物都是不可或缺的角色呢!

物才会不断带给我们惊喜吧!

据推算，微生物有数百万种，我们所了解的不过是九牛一毛，仅占百分之几而已。而且，微生物变化的速度比我们人类快太多了，就在现在这一瞬间，也许就诞生了有新功能的微生物呢。这样想来，"去问微生物"，绝不是一句虚言。

胰岛素制备方法发生了变化!

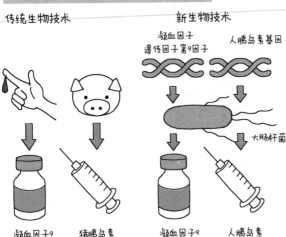

传统生物技术　　　新生物技术

凝血因子
遗传因子第9因子　　人胰岛素基因

大肠杆菌

凝血因子9　猪胰岛素　　凝血因子9　人胰岛素

供奉在鹤冈八幡宫的酿酒公司的酒樽

自古以来，日本就在酒、味噌、酱油、醋、纳豆、咸菜等的发酵和酿造方面积累了丰富的经验。慢慢地，日本人开始掌握利用微生物为人类服务的方法，在此基础上发展的发酵技术，成为日本的顶尖技术之一。

资料来源：生物技术的安全性和历史/NBFC（生物科学数据中心）

从传统生物技术到新生物技术制造!